「十二五」国家重点图书出版规划项目

中国建筑的魅力

诗意栖居

中国民居艺术

孙大章 著

中国建筑工业出版社

目 录

引 言

上 篇 中国民居源流

下 篇 中国民居概述

引 言

居住建筑是人们生活需求中最基本的物质产品，也是建设量最大的建筑，古往今来，世界各地民众创造出形制多样的居住建筑。在中国为了区别古代的居住建筑与现代住宅，习惯将古代居住建筑称为民居。综观世界各国的传统民居，以中国所保存的类型及实例最为丰富，是我国古代建筑中一份宝贵的遗产。中国民居的丰富性，是由她的国情决定的。中国有着五千年的文明史，历代人民解决居住问题，作过多样性的选择，探索过不同的方式，并不断改进与提高，历史痕迹清晰可见，此其一；中国国土幅员广大，境内有高山峻岭、广阔平原、无垠草原、河网水乡、黄土高原、茂密森林，这些不但为人民提供了多样的地方建筑材料，同时也决定了建造民居的各种不同的基址条件。因地制宜、因材致用成为中国民居的基本准则。同时中国域内的气候差异很大，占据了从亚寒代、温带、亚热带三个气候带，平均气温包括从−30℃至30℃广阔的范围，至于极端的高温达44℃。同时由于地形及区位的关系，各地的日照时数、降水量、风速及飓风等亦有很大的不同，这些条件皆是影响民居形制的重要因素，甚至是决定性的因素，此其二；中国是个多民族的国家，除了主体民族以外，尚包括有蒙、藏、回等55个兄弟民族。各族皆有自己的文化传统与生活习惯，反映在居住用房上亦各具特色，此其三；中国各地居民的生产方式、生活方式不同，虽然古代社会绝大多数居民的生产方式以农业为主，但尚有牧业、渔业、狩猎业、养殖业、手工业、运输业（水运、陆运）等不同的行业，他们居住形制与其生产方式必须契合，也会产生不同的民居类型。同时居民的社会地位不同，区分出官宦人家、富商、地主、文人、头人、平民、移民等，自然其居屋亦各有特点，此其四；还有，中国古代社会发展的不平衡性，虽然有的地区已经进入初级资本主义萌芽阶段，可有些交通不便，生产方式落后的地区尚处在奴隶制，甚至是原始母系社会阶段，自然地造成民居形制的巨大差别，此其五。当然，还会有一些东方的地域性的社会、人文因素，影响到民居形制，在此不一一列举。总之，中国民居建筑的丰富性是世界公认的，不仅是中国人民的文化财富，也是世界民居建筑中极为重要的组成部分。

在中国古代建筑类型史研究中，过去受建筑艺术理论思想的束缚，大多偏重在大型的、艺术性较高的建筑类型上，如宫殿、寺观、陵墓、坛庙、园林等，对民居的研究是近二三十年间才兴起的，并取得了一批有价值的成果。虽然从艺术性的角度来看，民居不能说有什么深刻的艺术表现。但是从建筑是解决人们最基本生活要求——居住的物质产品角度来看，它又是最能反映建筑本质含义的建筑类型，是一切建筑类型派生的源头。在它身上清晰地毫无掩饰地反映出实用、经济、美观的建筑设计三原则。若想深入了解一个民族，一个国家的建筑文化，必须了解它的民居建筑。因此，研究建筑的历史不仅要记录那些不朽的艺术建筑，还必须充分阐明广大的民居建筑的历史及特点，这样才能完整地解释建筑历史的发展演变。

对民居建筑的研究可以从多角度多层面去探索。例如可以通过对古代民居的使用情况，来加深对古代社会生活、家庭生活的了解与认识，增进了历史感知。也可以通过对各地民居的对比分析，找出它们之间的内在联系及相互影响的因素，提高辩证观念，有助于"古为今用"，更好地开展现代住宅设计工作。也可以通过某些社会发展较慢地区民居形制，可以了解到更为古远社会的居住状况，如德昂族、基诺族的全族共居的大房子，又如云南宁蒗摩梭人实行的母系社会及男女走婚生活，在此状况下所反映出的合院式住屋。也可以通过民居了解到古代的封建礼制、风俗习惯、宗教信仰、风水堪舆等对人们社会生活的影响程度，加深对封建文化的全面了解。另外，很重要的方面则是在工程技术上，在民居中

反映出古代工匠的妙思巧构，这些宝贵的思想遗产为我们提供了丰富的营养，值得参考借鉴。

从建筑设计角度分析，中国古代民居设计中有许多理念值得深思。首先，在户型的平面设计中突出典型性与系列性。各地民居都有适合本地区的独有特色的典型设计图式。如北京四合院、东阳十三间头、广府的三间两廊式等，各有特色，但又不是简单化的定型设计。它们都在推演变化过程中形成各种平面布置，组成系列化的设计，以适应不同环境条件及业主的要求。例如北京四合院的布置从一正一厢、三合院、四合院、两进院、多进院、带侧院及花厅的四合院，双轴四合院，以及北入口四合院、东西厢入口的四合院等。具有很高的灵活性与适应性。

其次，在建筑空间的利用上开创了多种方法。这方面的构思包括空间与地形的密切结合，内外空间的交融，空间的层次感，内部空间的充分利用等诸多方面。如四川丘陵地区民居曾广泛应用筑台、出挑、吊脚、后檐拖长、左右加披屋、顺地形房屋地基跌下等六种手法，在复杂的地形条件下盖房子。尤甚是挑与吊更是滨水地区及山区常用的建造方式。窑洞民居也是利用地形的极佳实例。

再者，民居结构构架设计十分灵活多样。民居中主要构架体系为北方应用的抬梁架和南方轻屋面应用的穿斗架。但除此两种之外，也有许多改进的梁架，如穿梁架、干阑架、彝族的拱式木屋架等。各种屋架还可采用增加步架、出挑、吊脚等方式加以改变，以适应使用需要。

另外，民居建筑用材十分广泛，大量采用地方材料，经济实用。采用地方材料是降低造价的

重要一环。首先是黄土的利用,夯土墙、土坯墙、草拌泥墙、土坯拱等皆可用为结构材料。出产石料的地方,如福建惠安、贵州安顺、台湾澎湖等地,不仅石材可用为墙体材料,也可用为隔墙及屋面。南方产竹的地区大量用竹材做成屋架、编竹墙、竹篾墙、编竹夹泥墙等。草原地区缺少木材及黄土,牧民就用柳条结栅,牦牛毡为盖,建成毡包居住。这些都是充分利用地方现有材料的实例。

最后,民居建筑同样注意建筑美学的表现。由于封建社会制度的限制,平民不准彩绘及金饰,故一般民居多采用雕刻手法增加观赏性,造成砖、木、石三雕的装饰高潮。砖雕盛行地区有苏州、广州、北京、临夏、晋中、徽州等地;木雕盛行地区有浙江东阳、苏州、云南剑川等地;石雕盛行地区有河北曲阳、福建晋江、广东潮汕等地。同时民居建筑非常重视构造美学,即由于建筑构造上产生的秩序感与新鲜感,同样也是美的感受。如各种式样的门窗棂格、封火山墙、卵石铺地等,皆是中国民居中美观表现的重要因素。

继承任何文化遗产都存在着学习、领悟、借鉴的过程,继承传统民居的优秀传统亦反映出类似的思想活动。从建筑学的意义上,首先要了解古代人的居住状况、居住环境的经营及居住文化的特点,同时可以体察到古代匠师的技艺及巧思,从而进一步领悟建筑活动的发展与变化,建筑形制的地区性、民族性,建筑造型间的吸收与融合等等感性与理性的思想收获,最后才会产生借鉴的动机。作者编写此书的原意就是想通俗地介绍中国民居的演变与基本概况,普及有关民居的知识,进而引起国内外读者的关注,以利于中国传统文化的继承与发展。作者坚信华夏文化在世界文化之林中是占有重要位置的一株参天大树。

上 篇

中国民居源流

椅子

床榻

民居建筑是历史上出现最早的建筑类型，也是建造量最大的建筑类型。民居建筑不仅紧紧地与自然环境及生活方式相辅相配，有着明显的地域性、民族性，而且还随着时间的推移，生活的改进及技术的进步而变化、提高、发展，有着时代的特色，民居的造型是在不断演进中形成的。早期的中国民居实例已荡然无存，现存民居皆为14世纪以后的建筑，以前的民居仅能从文献、石刻、考古发掘、绘画等方面的间接材料中还可获知一定的信息，初步分析这些已知材料将中国民居划分为六个历史发展阶段。

图1—1 北京周口店猿人洞

第一节 史前文化时期

史前文化时期是指尚无文字记载，人类由原始人群向文化人群过渡的时期。在北京房山区周口店的龙骨山曾发现了中国原始人群时期居住的洞穴，距今已有50万年的历史（图1—1）。当然这还不能算是人类自主建造的建筑物。进化到距今一万年的新石器时代，人类的生产工具已经出现了磨制的，较旧石器时代的打制石器更为锋利的石器，如石斧、石锛、石凿等，人类对自然的改造能力增强了。人们采用挖掘土穴和树上架巢两种方式为自己建造住屋。中国古代文献《礼记》上记载，"昔者先王未有宫室，冬则居营窟，夏则居橧巢"，即说明了早期这两种居住形式的存在，并开启了以后数千年中国民居的发展演变之路。据推测北方寒冷的地区多穴居。较早出现的为在土层深厚的断崖上向纵深水平挖掘的横穴，以后为了生产方便，在近水的高地出现了向下挖掘的竖穴——袋穴。进而出现防雨的带屋顶的竖穴。为了进出方便，并减少地下潮气，而抬高了竖穴的地面，并加筑了较矮的墙体，即半穴居的住屋。而南方湿热的地区多巢居，并进一步脱离树木，发展成在地面上架空的初级干阑式房屋。

距今6000～7000年前，中国社会已进入了母系社会时期的兴盛期，人类按母系血缘关系组成了氏族公社，氏族内部禁止通婚，实行由另外氏族的男子来本氏族走婚或对偶婚的婚制；生产资料归氏族公有，由年长妇女全面掌握；共同劳动，共同消费。这个时期的居住状况可以在陕西西安半坡村遗址中表现出来。发掘出的房屋遗址皆为圆形或方形的半穴居式，周围无墙，或仅有矮墙，直径或边长约在4～6米之间，每座房屋

图1-2 陕西西安半坡居住遗址（公元前3600年）

图1-3 西安半坡居住遗址

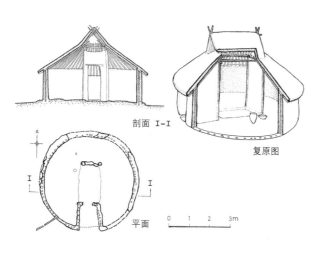

剖面 Ⅰ-Ⅰ

复原图

平面

0 1 2 3m

图1-4 陕西西安半坡遗址圆形房屋复原图

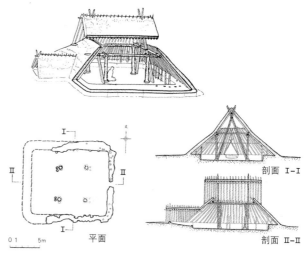

剖面 Ⅰ-Ⅰ

剖面 Ⅱ-Ⅱ

平面

0 1 5m

图1-5 陕西西安半坡遗址大房子复原图

内有灶坑。其屋顶可复原为攒尖或四面坡式。储存物品和粮食的窖穴在各房子之间，说明尚没有私人财物的观念。此时还出现一种供全家族使用的大房子，方形，面积约120平方米，内部有四根柱子支承房屋的屋顶（图1-2～图1-5）。此外，在陕西临潼的姜寨遗址更显出一座完整的村落的

形式。遗址面积为5.5公顷。村落呈圆形，周围被一条2米宽的壕沟所围绕，村东有通路。村内为居住区，内部分为五组建筑群体，每组群体以一座大型房屋为主体，周围分布着一二座中型房子及若干小型房子。大房子约80～100平方米，房内入口两边有土台，可能是卧床，中型房子约

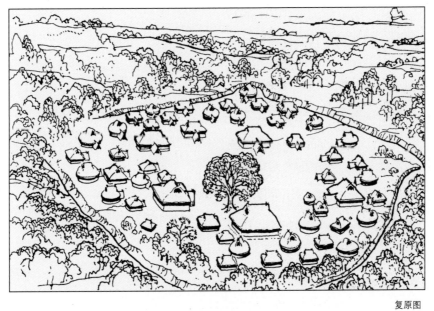

复原图

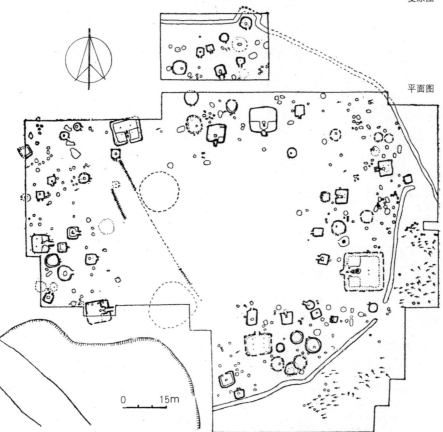

平面图

0   15m

图 1-6 陕西临潼姜寨村落遗址及复原图

30～40平方米，小房子约10平方米左右。据考古专家分析，大房子是氏族的公房，可召开氏族会议及成年男子的群居之处；中型房子是老母亲带着未成年的子孙居住的地方，也是家族聚会、吃饭的地方；小房子则是婚龄妇女过对偶婚的居室。五组房屋的中心为一广场，所有房屋的入口皆朝向广场，布置规则有序。村落的东边壕沟外有三组墓地，每组墓地应与村内某一氏族相对应（图1-6）。

此时的建筑技术已有一定水平。结构方面出现柱子，地穴式房子中心有一柱，以支承房盖，半穴居式房子周围柱子较多较细，而大房子已经出现结构性的大柱，设于四角。这些柱子都是直接插埋在地下以固定的。围护墙壁是木骨泥墙，即在柱间以木棍枝条编成栅栏，两面抹泥而成，屋面也是这种做法（图1-7、图1-8）。地面是用三合泥（细砂、礓石、泥土的混合物）铺地，以增加硬度，也有用料礓石粉铺在地上的。在新石器时代后期，已出现了地面以上的房屋，并有个别实例显示出分间的现象。如河南郑州大河村即出土了并联四间的房屋遗址（图1-9）。又如甘肃秦安大地湾遗址的大房子面积就达到128平

图1-7 河南郑州大河村遗址的木骨泥墙

图1-8 河南郑州大河村遗址的木骨编苇抹泥墙

图1-9 河南郑州大河村遗址的多间并联房屋

图1-10 浙江余姚河姆渡遗址（引自《中国文明的形成》）

图1-11 浙江余姚河姆渡遗址出土的木构件（公元前 5000 年）

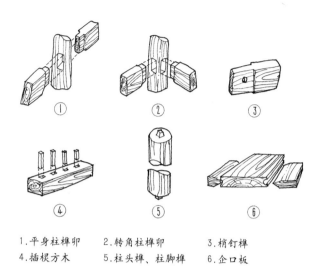

1. 平身柱榫卯　2. 转角柱榫卯　3. 梢钉榫
4. 插棍方木　5. 柱头榫、柱脚榫　6. 企口板

图 1-12　浙江余姚河姆渡遗址出土木构件的榫卯构造

图 1-13　云南晋宁石寨山出土铜器所示的干阑建筑

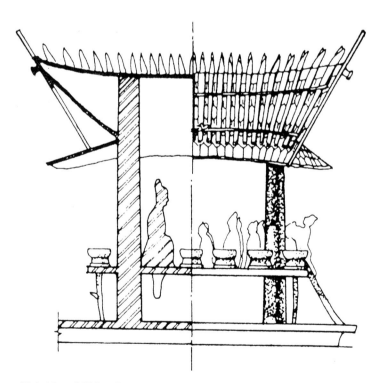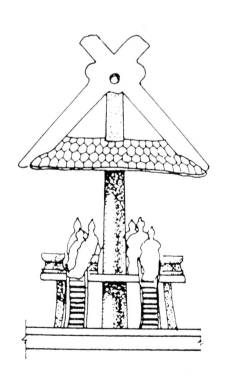

图 1-14　云南晋宁石寨山出土铜器所示的干阑建筑立面图

方米，而且还附有东西侧室及后室。

同时期的南方又有所不同。1973 年发现的浙江余姚河姆渡新石器时代遗址，显示出了早期干阑式建筑的雏形。该遗址地区在当时是一片湖沼，在现场遗存有许多垂直插入地层的桩柱，下端削成尖状，打入地下生土层。桩柱基本成行（图1-10）。柱间没有发现加工过的居住地面，而是堆积了橡子、菱壳及鸟、鱼、鳖、鹿等动物骸骨。此外分散在柱子周围的尚有梁、枋、厚板与桩柱用榫卯连接的地梁，以及芦席残片。对以上情况进行考察、复原，确认这是下立桩柱横枋，上置地板，板上立柱安梁，芦席遮顶的干阑式房屋。从遗存的木构件来看，当时的木构技术已有一定的水平，除了承重构件之间以榫卯联结以外，还发现了以企口方法连接的地板，以及固定榫卯的销钉孔等（图1-11、图1-12）。干阑式房屋是在原始人群巢居的基础上，发展出的适合潮湿地区的民居形式。除河姆渡遗址外，在浙江、江苏许多地方都发现过干阑建筑遗址。

在云南晋宁石寨山出土的铜器亦表现出当地民族建造的干阑建筑的原始形态（图1-13、图1-14）。中国的边远地区的遗址中还出现了石砌建筑。同时在内蒙古自治区喀左县牛河梁遗址中还发现了早期祭祀遗址，有主室，还有侧室。主室内发现有女性特征的泥塑像的残块，故称其为"女神庙"。这也是史前文化中信仰崇拜思想的物化表现。

距今约 4000 年左右，新石器时代进入晚期，石器制作更为精细，品类更多，农业、饲养业进一步发展，制陶工艺出现了白陶及黑陶。此时的

社会组织也转换成按父系血缘关系组成的氏族公社。此时虽然仍是共同劳动，共同消费，但集体财产归父系首领掌握，其子女有继承权，实行族外婚，但女子从夫居。这时期的居住状况可从山东地区的龙山文化遗址中表现出来。此时期已大量出现了地面的房屋，彻底从穴居状况解放出来，并在地面上及墙体根部抹白灰，以增加耐磨性。还出现了夯土台基，以及土坯垒砌的墙体。个别地区尚有石砌墙及黏土羼烧土块墙。此时还发现了凿井技术，使居民点的选择摆脱对地面河流的依赖。同时由于生活资料的节余积累，出现了私有观念的萌生，为了保护自己氏族的财产，在集居地周围出现了夯筑的城墙。重要实例有河南登封王城岗和淮阳平粮台。集落内部小房子数量大增，直径在 4 米左右，说明稳定的对偶婚增多。同时收藏粮食的窖穴由室外移入室内，亦说明私有财物的增加。居住房屋还出现了双居室的吕字形平面，也有多间的长形屋，已发现最长的为河南淅川县下王岗遗址的实例，长达 100 余米，32间。此外，在江西营盘里出土的一座长脊短檐的陶屋模型，屋面上还刻画出丰富的装饰图案，说明人类已开始在自己的住屋上追求美的表现。总之，发展到史前文化的末期，构成居住房屋及环境的诸多要素：基础、构架、屋面、墙体。取火、用水、堡墙、广场、祭祀等皆已出现，同时有多种形态。完成这些史前居住建筑的进步要经历数千年漫长的历程。

第二节 先秦时期

先秦时期是指夏商周三代，以及纷争的春秋、战国时代。即从公元前 2000 年至前 221 年，长达 1800 年的历史阶段。当时社会发展已经进入了阶级社会的初级阶段，即奴隶社会。统治阶级在生产、生活各个领域大量使用奴隶，阶级分化明显，生产工具方面已经大量使用铜制工具，统治阶级的生活，祭祀用具多使用青铜制造。在南方地区生活用品中的漆器亦普遍推广。出现了甲骨文，金文及大篆等字体，为传递信息开辟了途径，此时代已经出现了用文字记载的文献，特别是晚期的社会思想领域十分活跃，出现诸子百家相互争鸣的热烈局面。当然此时的民间居住建筑亦有长足的发展。

按考古界研究的年表，确定夏代始于公元前 2070 年，终于前 1600 年，前后经历达四个世纪多。因出土文物甚少，其建筑状况皆不甚明了。文献记载帝王宫室多做成高台建筑，但具体情况不详。从目前断定的年代分析，夏代与考古学划分的史前龙山文化相承接，估计很可能就是龙山文化的晚期状态，因此其民居状况应该也是龙山文化所表现的特点。

商代王朝始末为公元前 1600 年至前 1046 年，约持续了五个半世纪。此时青铜器的应用更为广泛。新中国成立以来，有关建筑的遗址发掘实例亦较多。从河南安阳县小屯村附近的殷墟遗址可以发现，一般居民仍居住着半穴居的房屋，圆形的居多，穴壁抹泥皮，拍打光平。还出现二圆相连的半穴居。在河北省蒿城县台西的商代遗址中出现了地面房屋，并有双间或三间相连的房子，墙体是版筑与土坯砖相结合的做法。至于帝王贵族的府邸则更为豪华。如河南偃师县二里头的早商宫殿遗址，主殿达 30.4 米 × 11.4 米，殿前庭院宽大，周围有半廊或复廊式的廊庑围绕，南面开设大门。据柱穴遗存分析，其正殿可能为一重檐庑殿顶的大建筑（图 1-15）。类似的庞大宫殿建筑也在湖北省黄陂县盘龙城遗址发现，其一号宫殿为四开间，周围廊为重檐。从这些宫殿建筑中也可推测出一般富裕住户的建筑状貌。另外从

图 1-15 河南偃师二里头商代一号宫殿复原图

商代的甲骨文中的家、宫、高、门、席等象形文字上，可以推测出当时的建筑多为坡屋顶，有梁架，有高台基式的建筑，院门为辕门式，铺地或铺屋面用席子等（图1-16）。人们生活是席地而坐，故家具的体量较低矮。

在南方多雨地区，也还继续使用居住面架空的干阑式建筑。如四川省成都十二桥出土的商代遗址，发掘出木桩、木地梁、墙面为编竹夹泥墙，并有部分榫卯结合的木构件。

周代是一个版图进一步扩大，经济、文化得到进一步发展的时代。它包括定都于丰镐的西周（公元前1046年～前771年）、定都于洛阳的东周（公元前770年～前256年）。东周时期王室衰落，诸侯并起，天下纷争，前期称春秋时代（公元前770年～前475年），后期称战国时代（公元前475～前221年）。周代的社会组织已经由奴隶社会逐渐转化为封建社会；铁器的使用增多，对农业、手工业、狩猎以及军事、建筑工程皆产生了巨大的影响。文化事业亦十分活跃、繁荣。

西周民居可从陕西省岐山县凤雏村发掘出的一座建筑遗址中得到一些信息。这座建筑建造在夯土台上，台基南北长43.5米，东西长32.5米，高1.3米。中轴线上排列了门屋、前堂、后堂三座建筑，两侧有八间廊庑围护。前后堂之间并以廊屋相连，形成工字殿，大门之外设有夯土的照壁。东南角设有陶管的排水口。该实例的性质虽尚无定论。但它所表现出的轴线序列、廊庑围护式的合院式院落，规则的柱网及光滑坚硬的地面，都说明当时建筑的艺术和技术皆有一定水平，估计对高质量的住宅亦有影响。这时期已经出现了

图1-16 商代甲骨文中有关建筑的文字

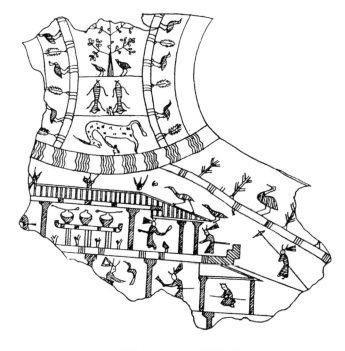

图1-17 山西长治出土战国鎏金铜匜上的建筑图样

屋面防水用的瓦件（筒瓦、板瓦、半瓦当、瓦钉等），但数量较少，可能仅用在屋脊、屋檐等关键部位。

东周时期的国家是处于分裂状态，但同时也促进了经济及技术的发展。当时生产力提高，手工业及商业兴盛，富商巨贾众多，故城市经济大发展，新城市大量增加。由于防卫的需要，普遍夯筑高大的城墙，带动了土工技术的提高，估计用于民居方面的版筑屋墙及院墙亦为数不少。据专家研究周代王城内已划分为方整的里坊了。从

①

古代文献上记载可知当时有门屋、庭院、正厅、寝屋等建筑内容的表述，父兄子弟有异室分居的要求，至于帝王贵族的宫室，更可以施以"丹楹刻桷"、"山节藻棁"等装饰，应该说是质量很高的居住建筑。从铜器纹饰上可知此时已有柱、栏杆、台基、平直的屋檐，屋顶上的垂直线条表示瓦垄，说明用瓦的数量也增加了（图1-17、图1-18）。此时期室内的家具除坐具的席、筵、卧具的床、承具的案以外，尚出现了凭靠用的几，遮挡的屏，以及挂衣的衣架等（图1-19、图1-21）。总之，东周时代的高级住宅不仅内容增多，而且有一定的制度规则。

先秦时期的民居已经有了明确规整的总体布局，多间矩形的建筑平面已经通用，夯土技术大量用于建筑上，屋面开始用陶瓦，柱、梁、檩、椽的坡形屋面的构造已经确立，为适应席地而坐生活的矮家具的品类增多，民居的建筑质量有了一定的提高。

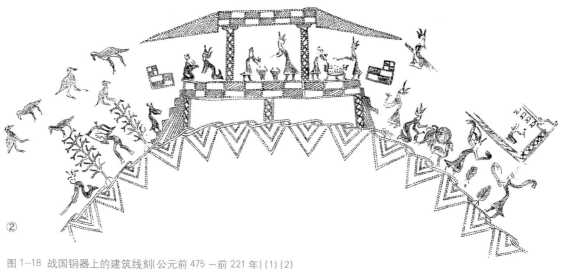

②

图1-18 战国铜器上的建筑线刻(公元前475～前221年) (1) (2)

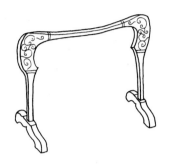

漆几：湖南长沙出土

木雕花几：河南信阳出土

漆俎：河南信阳出土

铜案：广东广州出土

漆案：河南信阳出土

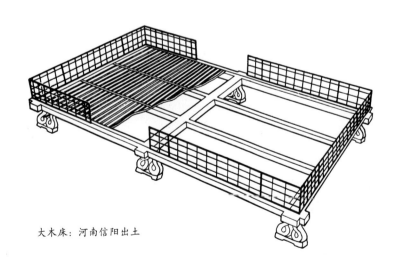

大木床：河南信阳出土

图 1-19 发掘出土的战国时代家具图

图1-20 战国时代漆俎

图1-21 战国时代木床

第三节　　两汉时期

两汉时期（公元前206年～公元220年）在历史上延续了四百年，是中国封建社会的前期，也是全国大统一，发展生产力，并创造出灿烂文化的时期。此时期巩固了中央集权体制，确立了农业的小农经济为主体，科学技术有了明显的发展，儒学在思想文化领域占了统治地位，佛教在中国开始了初传，多民族文化彼此之间有了更广泛的交流等。建筑技术亦达到新的水平。

秦始皇统一六国，建立了中央集权的大帝国（公元前221年～前206年）。但因战争消耗及土木工程的繁奢，仅维持十余年，即被推翻。

西汉初年，休养生息，废毁秦代苑囿，奖励农耕，盐铁专卖，提倡节俭，经五六十年即出现繁荣景象。在民居方面，此时的富人生活奢侈，多蓄奴婢，一家有数十人；同时由于宗法制度的影响，三世同居，同作共食，因而出现了大型宅第。另外，儒学成为国学，社会风气推崇礼仪制

度，讲究尊卑有序。在宅第布局上形成前堂后寝，左右对称，正厅高敞，主次分明，层层套院的手法，几乎成为定式，这种布局一直延续到19世纪。此时的大宅内，还有陂池田园，成林竹木，并豢养六畜，宛如一座自给自足的小村寨（图1-22、图1-23）。

此时期的谶纬迷信之说逐步盛行民间，其中的《图宅术》更是针对居民择地盖房、房屋朝向而设。所谓有八宅、六甲之等第，五音、五姓之相配等禁忌，以阴阳五行之意，与朝向、姓氏相联系，决定户主的吉凶祸福。这也是后代风水术的开端。

西汉长安、东汉洛阳皆是历史上著名的大都会，此时首都居民区已经确立了方格网式的闾里（坊里）的规划形制。所以此时的民居用地也是以矩形用地为主。正厅前檐分为左右阶，入堂以后席地而坐，堂内常悬幔帐，背列屏风，以为遮护隔避之用。富家甚至"文绣被墙"、木质构件

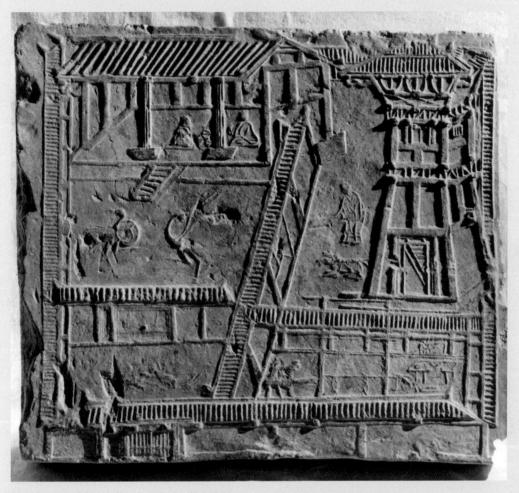

图 1-22 四川成都出土的汉代画像砖上的庄院图

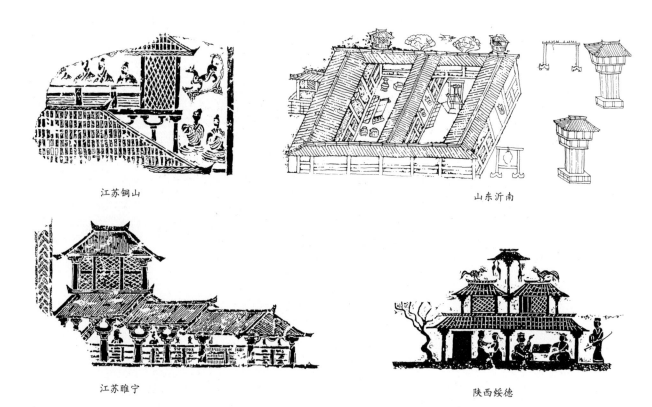

江苏铜山   山东沂南

江苏睢宁   陕西绥德

图 1—23　汉代画像石中所表现的民居

日字形   山墙披檐   曲尺形   干阑楼屋

图 1—24　广东广州汉代明器表现的民居形式

图1-25 广东广州汉代明器

图1-26 广东省博物馆藏汉代明器陶屋

图1-27 四川乐山麻浩博物馆藏汉代明器陶屋

图1-28 河南博物馆藏东汉彩绘明器陶仓

上涂有"采画丹漆",露台地面以红朱涂地,窗格刻成连环琐文,以青色涂之,谓之青琐,说明当时豪宅具有豪华的装饰。

汉代的民居实物已无存,但在各地出土的墓葬明器中有大量形象逼真的陶屋,画像石、画像砖上亦有不少民居建筑形象,都可作为研究参考(图1-24~图1-28)。从这些资料中我们可以确认长江以北地区的房屋构架已普遍采用抬梁式构

架,重要建筑还有斗栱,南方的民居多为柱身直接承檩,枋木插入柱身,柱枋之交角多设角背或替木,柱间设有斜撑木。围护结构为抹灰墙或编织席等轻型构造。平地房屋与干阑架空房屋皆有,此时的干阑房屋尚属架空台架与上部房屋构架分离的原始构造方式。

从明器及画像砖刻中反映的民居形式多为一字式,体量大小不等。主房皆为敞厅式的堂屋,

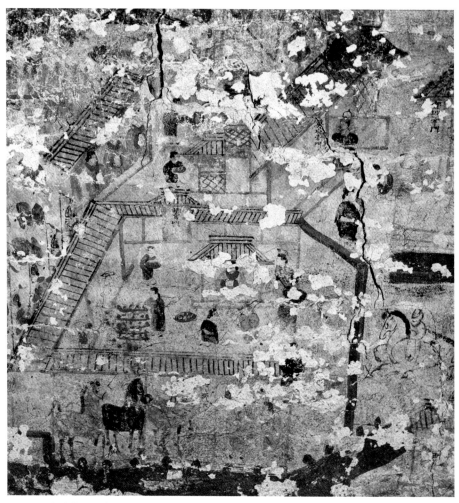

图1-29 内蒙古和林格尔汉墓壁画庭院图

后面为卧室。规模大的宅院多由数幢房屋及周围廊庑组成多进庭院，另设仓、囷、灶房、下房等，安排出不同用途的院落。内蒙古自治区和林格尔汉墓壁画的庭院图，表现的即为大型宅院的实例（图1-29）。而南方的民居则较自由，一字式、曲尺式、楼屋式、高低房屋穿插，还有山墙设披檐等形制，形状不规则，面积亦较小。各地民居的屋面皆为前后坡悬山式，瓦屋面增多，部分房屋亦有四坡顶。由于外檐装修尚不完备，故内檐大量使用围屏及幔帐。室内家具如几、案、床、架等皆很矮以适应席地而坐的生活方式。此外，还有柜和箱子。汉末，胡人使用的胡床（即今日之交椅）亦传入中国。

两汉时期由于战乱的影响，地主富豪为结寨自保，多构筑坞壁以御敌，壁内设望楼以观敌情。从已出土的坞壁望楼等陶明器地域来看，全

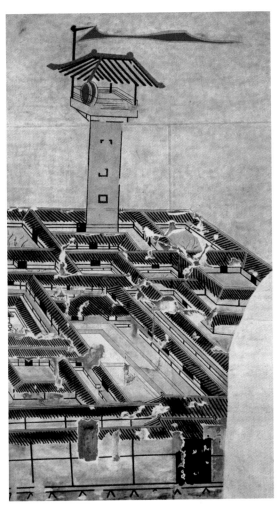

图1-30 河北安平汉墓壁画庄园图

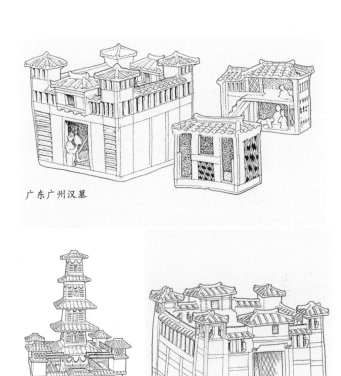

广东广州汉墓

甘肃武威雷台汉墓　　　广东广州麻鹰岗汉墓（公元76年）

图1-31 汉墓明器中的坞壁形制

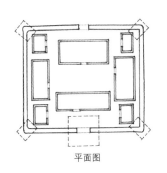

平面图

立面图

图1-32 湖北鄂城东吴墓出土的陶坞壁明器(引自《考古》1978 年 3 期)

河南洛阳北魏宁懋石室

河南洛阳北魏宁懋石室

河南沁阳东魏造像碑

图1-33 北朝石刻中表现的住宅

国南北皆有，说明当时是很流行的一种建筑（图1-30～图1-32）。两汉时期贵族富豪在自己的宅第中或另外圈地修筑豪华的园林，已经是很普遍的现象，但此时宅园的构思是追求自然环境，地貌与生物并重，还没有形成纯山水的欣赏观念。

三国、两晋及南北朝分别统治中国南北达300余年（公元220年～589年），此时期战争与和平兼而有之。南北方经济皆得到一定的恢复与发展。文献记载表明，北方注重宗法制度，同居共财，组成大家庭的例子甚多，民居建筑较朴实、规模不小，居于京城的王侯贵族宅第皆附有园林。而南方多析产分居，组成的小家庭居多。从河南洛阳出土的北魏宁懋石室石刻图案中反映出的住宅形象，可知屋顶为悬山或庑殿的瓦屋面，有鸱尾，檐下有人字栱，并用竹帘遮阳，室内有幔帐，主客席地而坐，台明由短柱与枋木构成，似为架空的木地板面，上面铺席等现象（图1-33）。室内家具也是有一定的变化。如卧床已有增高，并加上床顶，周围有可拆卸的矮屏风；坐榻增高增大，可盘膝坐在榻上会客，也可垂足坐于床沿；床榻上有隐囊、长几、曲几等依靠用具。在北方，由于与西北民族的交往增多，开始输入一些高坐具，如椅子、方凳、束腰凳等（图1-34）。

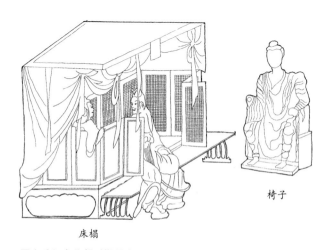

床榻

椅子

图1-34 南北朝时期的家具

束腰圆凳　　靠背椅　　肩舆与凭几

第四节 隋唐时期

隋王朝的统治十分短暂，仅持续了29年。

真正生产力的大发展是在唐朝（公元618年～907年），国力强盛，文化发达，形成了封建中期辉煌的盛唐文化，当然在居住建筑方面亦有长足的进步。城市内的里坊制已在汉魏遗制的基础上更加成熟，如长安城内共有108坊，大坊约56公顷，小坊约25公顷。各坊均为方正的矩形，小坊内东西开设横街一条，另有详细分隔的"曲巷"，大坊开中分的十字街，另有"曲巷"。坊四周有坊墙，对着横街或十字街设东西南北坊门，晨启夜闭，实行夜禁制度。大宅可以临街开

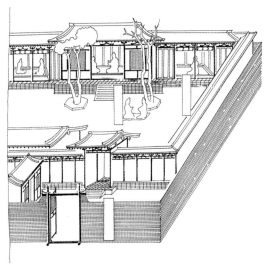

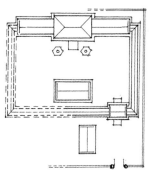

图1-35 甘肃敦煌石窟第23窟唐代壁画中的大型府邸

图1-36 甘肃敦煌石窟第85窟晚唐壁画中的住宅

图1-37 陕西西安中堡唐墓出土的陶制宅院

图1-38 甘肃煌石窟第45窟盛唐壁画"未生怨"中的住宅

门，小宅则只能开门在曲巷间。东都洛阳城内有103坊，各坊布置与长安类同。各府、州、县城内亦实行里坊制度。而城市商业则统一设置在城内的市场区内，集中管理。在这种方格网式居住区规划的影响下，民居建筑的用地及规划皆取方正的轴线布局，这种形制使用地更为合理与经济。各住宅的布局仍以廊院制式较多。大宅可有大门、中门，分成内外两院，外为杂用及客房，内为生活起居用房，体现内外有别的礼制。内院有中堂、北堂，并配以东西厢房。全院周围以廊庑围护环绕，相连相通（图1-35、图1-36）。当然此时也出现了正房、厢房建筑物围合而成的合院式住宅。合院式住宅在初唐时即已确立，当时称"四合舍"，可能数量较少，盛唐以后增多（图1-37）。

关于当时住宅的具体形象，只能从壁画的摹写中得到一些资料（图1-38、图1-39）。建筑正厅多为敞厅式的堂屋，同前代相同，悬挂幔帐、竹帘。唐代末期的上层贵族家庭生活已开始出现由席地而坐向垂足而坐的习惯转变。故此时建筑物的柱高，可能也会适当提高，但总体比例仍保持开间宽大，而柱高不过间广的形制。屋面仍为悬山顶，山面有悬山装饰。月梁、大斗、人字栱及一斗三升等制式已经较多应用。从唐代住宅的间架制度上可知，北方（包括官式建筑）民居基本为抬梁式结构，而且檩距也大致固定为一通用数据。围护结构除夯土墙、砖墙以外，建筑外檐多为枋木分格，编竹夹泥粉白墙填心作法，窗为直棂固定窗，门为板门。但某些贵族宅邸及官员住宅的内外檐木构件上已经有彩绘装饰，甚至以金银装饰门窗栏槛。从一个侧面也可以看出唐代

图 1-39 甘肃敦煌石窟第 148 窟盛唐壁画中的住宅

图 1-41 五代，卫贤《高士图》中的住宅

图 1-40 甘肃敦煌石窟第 98 窟五代壁画中的民居院落

图1-42 五代，顾闳中《韩熙载夜宴图》中的家具

住宅已经开始注重建筑装饰的应用。至于廊庑粉壁上的彩色壁画也已开始用在高级府邸上了。

唐代礼仪制度对居民的住宅形制设定了许多限制。在政府的《营缮令》中对各级品官、士庶的公私宅第舍屋的间架规模、装饰细部、及楼阁建造皆有规定。这种营缮规定对以后历代王朝具有很大影响，尤其是一般民居厅堂的开间不许超过三间，进深不许超过五檩的规定，一直持续到清代，对中国民居的发展产生负面影响。

此时城市民居的宅园多掘地造山，形成山池院，构造出一定的自然意境。而贵族、官宦为了追求更优美的居住环境，往往在郊区建造更大规模的庄园别墅。庄园内包括有果园、茶园、车坊、碾硙、店铺等生产用房用地，还有大量的有特色的自然景观，流水瀑布，奇峰怪石，四时花卉，名树珍木等。例如宰相李德裕的平泉山庄、王维的辋川别业、元载的别墅等都是规模巨大的庄园式别墅。

唐代家具除席地而坐榻、几、案以外，在上层阶级的家具中已出现垂足而坐的高脚家具，有长桌、方桌、长凳、腰圆凳、扶手椅、靠背椅等，卧床也增高了。此时开创了中国家具的新局面。厅堂正中还设置了三折大木屏，作为室内环境的背景，使室内空间处理产生了新的变化。

继续唐代出现是的五代十国，全国形成分裂的局面，仅有南方的经济尚属平稳，如吴越、西蜀等国还有一定的发展。人民追求生活享受，园林建造更加精致，衣食用具更为华美，此时的家具也完成了垂足而坐的改进，产生了新的家具品种（图1-40～图1-42）。

第五节 宋元时期

北宋（公元960～1127年）统一了大半个中国，经济得到进一步发展，工商业更加繁荣，对外交往商贸增多，科技方面发明印刷术、罗盘、火药技术，文化方面推崇儒学，建筑方面编制了有名的《营造法式》专业营造书籍，城市数量大量增加，城内废除了里坊制的宵禁制度，拆除了坊墙，商店可沿街设置，住宅入口亦可临街开设，所以在民居建筑方面亦有很大的变化，是个重大转折时期。

北宋民居建筑的重要影响因素有若干方面。宋代注重礼教，发扬孝道，鼓励家族制度，希望同居共食，有些家族达到十几世同居，所以形成了规模巨大的宅院。再者封建礼制已经制度化，

一套长幼有序、男女有别、主仆分处等规定在民居大宅中已得到充分体现，并定型化，这种现象一直持续到19世纪。北宋以后，南方经济充分开发，其实力已超过了北方，而南方工巧、细腻、轻柔的工艺对民居建筑也产生了很大的影响，建筑物的木构件，装修等皆向装饰化方面发展。宅园的数量增加很多，并普及到一般中产阶级，同时对自然山水的欣赏向微型化、模拟化发展，欣赏独石的风气浓厚。虽然在宅制等级上，政府亦有规定，事实上地主富商并不完全遵守。

城市民居亦有很大的变化，即以房屋围成四合院，适当地以廊屋串联的形式，以合院制代替廊院制成为主流。这种形式很适合城市用地昂贵

图1-43 宋画，张择端《清明上河图》

的条件，同时增加了建筑密度，提高了建筑的使用面积。城市民居几乎全是瓦房。宋人张择端所绘的《清明上河图》中有的民居做成四合头式（图1-43），即四面房屋的屋顶交接，中间围着较小的天井，今人称之为"四水归堂"式或"天井式"。这种房屋在后来的南方人口稠密、气温湿热的地区广为采用。

在建筑构架方面，一般民居内部梁架为抬梁式，大型民居的梁栿已经加工成月梁形，并用斗栱。博风板有上悬鱼惹草（图1-44）。在围护结构上最大的改变是使用了可开启的格扇门窗，不但改善了采光条件，而且增加了建筑的美观。棂格图案仍多为直棂或方格棂，每间两扇或四扇。在某些宋画中还表现出一种门窗兼用的可开启的落地长窗式样。从宋代开始，建筑物的内外檐装修形式皆是长江以南地区建筑风格，领导了时代潮流及趋势。

高坐具成为家具的主流，除原有的桌、椅、凳、床以外，还增加了置花的高几，待茶的茶几，琴桌及床上的炕桌。室内家具布置格局上出现了对称与不对称两种格式。厅堂的屏风前正中置椅，两侧又各有四椅相对排列，或在屏风前置两圆凳，供宾主对坐。后世正厅中央的条案式对称布局是否出现尚不可断言。家具造型更注意杆件框架的效果，大量应用了装饰线脚。桌凳面板下开始用束腰及枭混曲线，四足端部做出马蹄形状或云脚。总之更讲求美观效果（图1-45）。

与北宋同时存在的北方辽王朝，其建筑文化主要继承了北方唐代文化，变异甚少。估计此时民居建筑应与唐代北方民居相仿。

北宋靖康二年，金人攻破汴京。康王赵构在临安（今浙江杭州）建都，史称南宋（公元

图1-44 宋画,《文姬归汉图》中的住宅

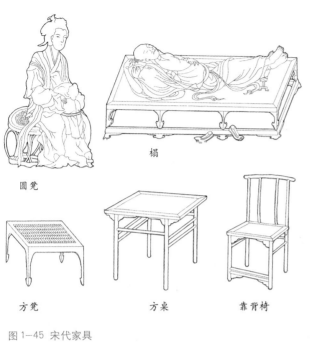

圆凳

榻

方凳　　　方桌　　　靠背椅

图1-45 宋代家具

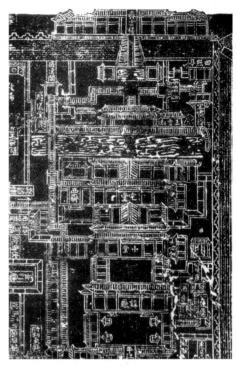

图1-46 宋《平江府城图》

1172～1270年），辖有长江以南半壁江山。自南朝及隋唐的开发，南方逐渐富庶，官田及大地主土地所有制得到发展，国家有了一定的经济实力。此时期的城市数量增加，商业繁荣，以临安城为例，大市十处，小市更多，还有集市游乐的瓦子二三十处，城市彻底废除了坊墙，夜禁。江南地区的人口密度较高，所以城市民居比较拥挤。有关大型民居的平面布局方面尚无确切的资料，从宋拓"平江府城图"中的府衙平面可以推测出，当时大宅内部堂、寝分设。厅堂又分为大堂（会外客）二堂（会内眷），二堂可以与后边的卧房之间连以穿廊，形成工字厅。厅堂与后寝两侧可以设置"挟屋"（即今日之耳房）（图1-46）。这一点很重要，由于挟屋的设置，进一步提高了四

合院的建筑密度。庭院两侧有偏房及廊庑，基本为合院制式。民居厅堂的屋面大部分为悬山顶（宋式称不厦两头），个别的有歇山顶（宋式称厦两头）。南宋时宅园更形纤巧，多曲折回环之径，这也是用地减少后园林增加景观的一种办法。同时园林建筑的造型更为精致，屋面穿插，接连抱厦，空间通敞，棂格精美。园林中的"建筑意念"更为突出（图1-47～图1-49）。

与南宋并峙的北方金王朝，在文化上除继承了辽代的文化以外，又从宋代建筑中吸收了不少适宜北方的技术与做法。在民居方面较明显的是工字厅及外檐装修的隔扇门窗（图1-50）。

元世祖忽必烈灭金及南宋，统一全国形成地跨欧亚大陆的大帝国（公元1271～1368年）。

图1-47 南宋，刘松年《四景山水图》中的住宅

图1-48 南宋，刘松年《四景山水图》中的住宅

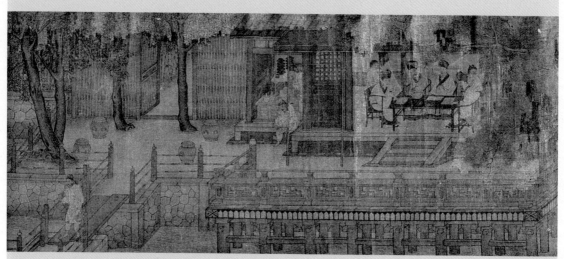

图1-49 宋画《会昌九老图》中的住宅

初期偏重军事统治，不重视知识阶层，不注重发展农业，因此社会经济受到一定的破坏。除藏传佛教及伊斯兰教建筑得到提倡以外，在建筑领域的进展不大而且还掺杂了游牧建筑及西域建筑的风格。从另一方面讲，也对传统建筑注入了新的影响因素。后期亦逐步接受了汉文化，民居亦为四合院式的建筑形制。

元代首都大都城（今北京）是在灭金以后，重新规划修建的，规模宏巨，布局谨严，街巷通直，城垣相套。城区内划分出六条南北大街及七条东西大街的方格网，方格内皆为东西向的胡同。一般胡同距离为 70 米左右。除去胡同宽 6 步，约 9 米以外，胡同间净距离为 60 余米。元初规定京城内住户宅基地以八亩为一份，则每条胡同内可划为十户，每户可建四进房屋，三路纵列，前后门朝向前后胡同。应该说这是很宽裕的大宅了。元代胡同规划方式彻底改变了唐代里坊制的居住区规划模式，宅居用地更加方整，对外交通更为方便明确，同时也提高了居住用地的利用率。

反映元代民居的仅有少量的绘画及遗址。例如山西芮城永乐宫的元代壁画中即有数幅表现民居的图样（图 1-51、图 1-52）。1972 年在元大都城的考古发掘中，在现今北京旧城内城北城墙一线，发现了元代住宅数处（图 1-53）。如后英房遗址，西绦胡同遗址，雍和宫后遗址，106 中学遗址等。其中以后英房住宅遗址较完整，规模也较大。经过复原，整个住宅分中、东、西三部

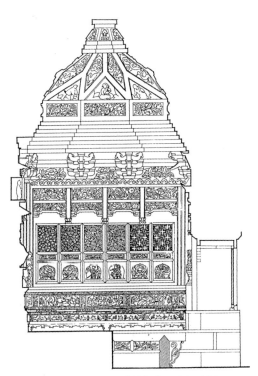

图1-50 山西侯马金代董氏墓的槟花隔扇门砖刻

图1-51 山西芮城永乐宫纯阳殿壁画〝瑞应永乐〞
（引自《中国殿堂壁画全集3》）

图1-52 山西芮城永乐宫纯阳殿壁画"慈济阴德"（引自《中国殿堂壁画全集3》）

分，中路为主体院落，庭院北有正房三间，左右附建挟屋各一间，前出轩屋三间，后出廊屋三间，形成一组规模较大，外形为凸字形的厅堂，整体建在台基上。西路遗址破坏较严重。东路的主体建筑较中路正房位置稍偏北一些，是一座工字厅，两侧各有厢房三间。该遗址表现的前出轩，后出廊，两侧附建挟屋是宋代建筑常用的手法，而工字厅更是宋元建筑的流行形制。院内采用高露道，砌出象眼的踏道等亦尚存古意。外墙为夯土墙，但下部裙肩部分为磨砖对缝砌，比较注重美观。住房次间及厢房内多砌有围炕，供坐卧之用，具有游牧民族生活习惯。可以说该遗址表现了典型的元代民居的特征，而且与上述元大都规划中的八亩一宅的用地规模也较接近。

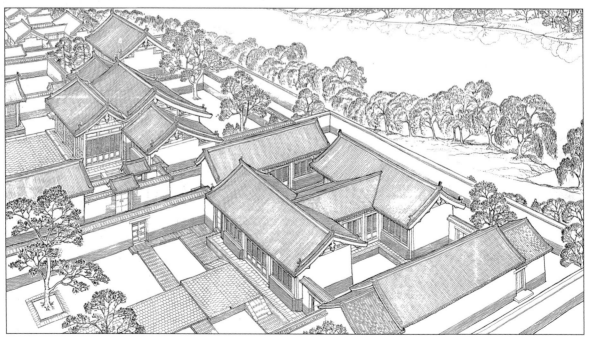

图1-53 北京后英房胡同元代民居遗址复原图

第六节　明清时期

明清时期是封建社会的末期，一切制度皆已定型，封建经济已经发展到顶端，并开始出现了资本主义的萌芽，孕育着经济转换的机制。

明太祖朱元璋，消灭群雄，北逐元人，定都南京。明成祖朱棣继位，迁都北京，出现了200余年的和平局面（公元1368～1644年）。明初重振礼仪制度，在各方面都有条格约束。经济上强化了地主经济，解放农奴，奖励垦荒，扶植工商业等措施，使城乡经济都有了发展，形成各类中心，如苏州的丝织业、松江的棉织业、景德镇的瓷业、晋中及徽州的商业、广州的外贸业。

在建筑上木结构有了进步，确立了梁柱直接交搭的结构方式；大量使用砖砌的围护结构；建筑群体布置有了新发展，更重视建筑空间的艺术性；私家宅园发展深入各阶层的市民中；建筑装修、彩画、服饰等渐趋程式化与图案化；明代家具大量使用硬木，而呈现出轻柔明快的时代造型。

自明代开始，现存的民居建筑实例渐多，为研究工作提供实物形象资料。从这些实例中可以看出明代民居的一些时代特色。如制度约束加强。在历代政府规定的居住用房等级规定中，以明代最为详尽。它包括了各进房屋的间架、屋面形式、屋脊用兽、可否用斗栱、梁栋及斗栱檐桷用彩制度、门窗油饰颜色，大门用兽面锡环等各个方面。除亲王府制以外，将官员及庶民分为公侯、一品二品、三品至五品、六品至九品官员、庶民等五个等级，依次按规建造。这些封建等级制度实际上限制了传统民居的创造与发展。有资财的大户

的正厅不能过三间五架，故此只能多造院落，增加装饰以及广造宅园方面下工夫，对后代传统民居的类型形成有很大影响。后至正统十二年对禁限有所变通，庶民架多而间少者不在禁限，等于准许民间建造大进深的大面积的住屋，在地少人稠的南方地区影响很大，大进深的房屋可产生阁楼轩廊及重椽式的内檐天花，开拓了内檐空间的变化。

儒学在社会上重新占领统治地位，纲常伦理思想在民居中得到充分的发挥，尊卑、长幼、男女、主仆的活动空间在住宅内部明确划分，前堂后寝制度更为突出，以中轴线式的厅堂为主线，四周辅助建筑拱围的组合方式被普遍采用。出现了程式化的总平面设计。经济的发展已经使民间建筑有一定财力投入装饰性的设计中。如门楼、照壁的砖雕、楼居挑栏的木雕、月梁的使用、南方民居厅堂的彩绘、室内隔断式的板壁及格扇、厅堂联匾、字画，特别是明式硬木家具的制造，更使明代室内环境有了鲜明的改观。

由于材料及技术的进步，明代民居的造型已有数项改变。青砖用于外墙，故不用挑檐方法来保护外墙，所以悬山顶房屋渐次稀少，而代之硬山顶的山墙。硬山顶的出现为建筑平面设计增加了灵活性，例如挟屋可以直接连接在主厅一侧；厢房与主厅虽不在同一高度，也可以交角对接；同时对于楼屋造型的处理也更方便，仅在正面出挑檐，而山墙部分不必出披檐。正因为单体建筑搭接方便，所以宋元以来的固定的工字形平面的

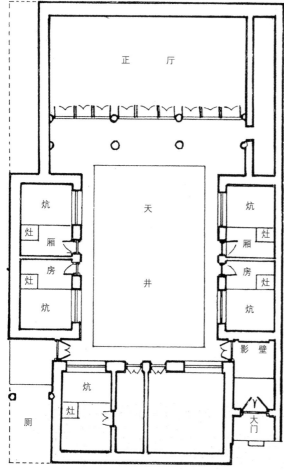

正厅

炕
灶 厢
房 灶
炕

天
井

炕
灶 厢
房 灶
炕

影壁

炕
灶

大门

厕

图1-54 山西襄汾丁村2号院民居（1593年建）平面图

图1-55 山西襄汾丁村2号院民居正房

厅堂渐次少用，而且楼屋增多。

江南地区人口稠密，建筑密度极高，遇有火灾延烧成片，因此在明代末年，南方民居出现了高出屋面的封火山墙，进而发展成多种墙顶形式的山墙，封火墙成为江南民居的一大特色。

明代住宅的地方特色逐渐加强，民居对地形、气候、材料、社会风俗及制度诸因素的协调作用更明显，在建筑密度、住宅间距、庭院大小、楼房的运用、建筑外观、结构方式、群体组合，甚至城镇面貌上皆有不同，民居已成为城乡建筑面貌的地域表征。从现存的明代民居实例可以粗略地划分出下列几种地方民居类型：

合院民居 其形制是由正房、厢房、倒座房组合的四合院。一般朝向为坐北向南，大门设在倒座房的东南角，即风水学说的坎宅巽门形式。正房、厢房皆为三间。富裕人家可在院中建二门，分为前后院。民居正房为会客、集会、祭祖之用，卧室设在厢房。实例可以晋南襄汾丁村民居为代表（图1-54～图1-56）。此外，甘肃天水亦发现有合院式明代民居，只不过正房是五间，所以院落较宽大。

重门重堂制民居 是用于王府品官的大型府第式四合院。这类四合院的大门设在中轴线上，有大门与二门两重，庭院北侧为正厅与后厅，中间连以穿堂形成工字厅，尚存元代遗制。此外，还可以增加厅堂，形成三门三厅之制，后寝可以有楼，堂寝分院围护。此式可以山东曲阜孔府（建于公元1503年）为例（图1-57）。浙江绍兴城

图1-56 山西襄汾丁村2号院民居厢房

西北的吕府（建于公元1554年）为大学士吕本的府第。总体平面是由三区横向排列的住宅组成。各区住宅方正、规则，中轴对称。中区又分为前后两部分，前部有大门、轿厅、正厅，后部为主房与下房，各自有独立院落围护，为重门重堂，前堂后寝的布置，是官员府第的标准平面。

小天井式民居 皖南、浙西、赣北等地山区多，用地宝贵，且人烟稠密，故多析居独立成立小家庭，遂产生了具有地方特色的小天井民居。一般多为楼居。下层为堂屋及生活居住用房，堂屋皆做成敞口厅形式，以适应当地闷热气候。上层为祖堂及仓储，或者为住屋，两侧有附属用房

图1-57 山东曲阜孔府前上房正厅

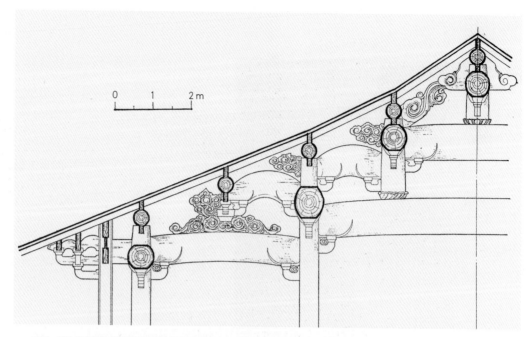

图1-58 安徽歙县西溪南乡吴息之宅梁架

图1-59 安徽歙县潜口民宅方文泰宅木装修

图 1-60 安徽歙县潜口民宅方文泰宅栏杆雕饰

图 1-61 安徽屯溪程氏三宅大厅彩画

图 1-62 江西景德镇祥集弄明代住宅（1466 年）

图 1-63 江苏吴县东山镇杨湾村明善堂石库门

图 1-64 江苏吴县东山镇杨湾村明善堂正厅

或楼梯间。平面呈三合、四合、H 形。大门开在正中或在侧屋。民居的天井狭小,不求日光照射,只为通风阴凉。这类民居装修考究,雕饰精美。个别富户室内梁架天花木板上尚有彩画。至于门窗棂格大多为方格眼及柳条格等简单图样,尚存古意。梁架用材肥大,修饰成冬瓜形状。这类民居在徽州地区、江西景德镇等地尚存不少实例(图 1-58~图 1-62)。

三堂式民居　即是以门屋、正厅、后室三座建筑为主体,纵轴排列,两侧以墙壁、附房为围护的民居。规模大者尚可增加中轴上厅堂建筑数量。为了解决前后的交通,尚可在中轴建筑一侧设置避弄以通前后。此式盛行于江南太湖流域。苏州以及常熟、泰州一带尚保存着不少这类明宅,仅吴县即有明代民居 114 幢(图 1-63~图 1-65)。此外,浙江东阳的聚族而居的卢氏大宅应该亦属三堂制的民居系列。其主居肃雍堂进深达九进房屋,分为前部四进的厅堂系列,包括门、过厅、工字厅;后部五进为寝卧系列,主卧为乐寿堂。前后部之间有石库门相隔。堂寝两侧尚布置了厢房、游廊、配房,或者以墙垣封闭。卢宅是在三堂制民居的基础上,增加主轴厅堂的数量,且辅以两厢配房,而形成的巨大规模的民居。对后来东阳地区的民居格局的定型产生积极影响(图 1-66、图 1-67)。

三堂带护厝式民居　闽南与粤东在明代都流行着带护厝的住宅。即是在主轴线上有三进并列的房室,包括门厅、主厅、后楼等,可称为三堂。

图1-65 江苏常熟翁同龢故居彩衣堂彩画

图1-66 浙江东阳卢宅肃雍堂大厅梁架

图1-67 江苏苏州狮子林

在主轴两侧，纵向建造厢屋（通长的厢房），并与主轴之间形成厢院。厢屋皆为居住用房及辅助用房。有的大型宅院尚可建造两列厢屋及后仓。

闽粤土楼 闽粤沿海一带居民，为了防寇及械斗，很早便有寨堡出现。闽粤土楼正是在此背景下发展起来的。据已知材料，明代土楼有一字形、圆形、方形等数种，一般为三层楼。夯土制作的外墙很厚，底层达1.5米。底层不开窗，楼上窗户尺寸亦小。内部为木结构，内部房间皆很小，约9平方米，每层有内廊道四周相通。明代土楼一般为同村人合建，并非一姓。后来客家人亦采用此形式建造族人共居的土楼，并有不少发展与创造。

窑洞 窑洞以其冬暖夏凉的优点一直是北方黄土地区的重要民居类型，虽然目前尚无确切年代的古代窑洞实例，但明代文献记载上多次提到有关窑洞的记述。上述明代民居的叙述仅是根据已知材料安排的。

在西南地区，地形复杂，干栏式建筑应该是最适用的类型，但可惜木材不易持久，目前尚未发现有确切年代的干栏建筑。

清代（公元1644～1911年）是封建末期的一个经济、政治带有总结性质的社会阶段，在社会、文化、经济条件诸方面都有重要变化与进展，这些变化不能不对社会需求量最大的民居建筑产生巨大影响。与明代民居建筑相比较，清代民居呈现出丰富多彩，精思巧构的风貌。具体表现在下列五个方面。

第一，各族民居建筑间文化交流加强。

满族定鼎中原以后，又迅速统一了全国，形成涵盖56个民族的大帝国，并促进了各民族间的经济文化交流，带动了民族建筑间的相互借鉴。在民居方面满族很快地接受了汉族的四合院的形制，并把这种形制传递到满族肇兴发源地——东北地区，今日永吉、乌拉镇等地现存的满族民居基本为四合院形制。八旗贵族以及蒙古王公的王府亦采用四合院形制，蒙古王爷府宅院中的蒙古包反成为宅院中待客的象征性建筑。在北京满族住宅中取消了满族传统的西墙万字炕，而学习汉人方式采用南炕，在宫廷中还使用汉族传统的碧纱橱、炕罩等类的室内装修。回族民居也是接受汉族影响较大的实例。在各地回民中，除了布局更为灵活多变以外，其结构方式、开间、举架、装修等皆与汉族雷同。在云南大理白族民居所惯用的"三坊一照壁"及"四合五天井"形制中，可以明显地看出汉族处理院落空间的手法（图1-68）。居住在交通发达，地势平坦地区的壮族

图1-68 云南少数民族居住的四合院——白族民居

人民开始脱离本民族传统的干阑楼居形式，而逐渐采用地居形式，一般为三间一幢，一堂两卧，与汉族民居类似。居住在昆明地区的彝族人民同样也采用了汉族的"一颗印"形式的民居。

各少数民族间民居建筑形式亦在不断地融合。例如南疆一带维吾尔族民居的托梁密肋式平顶屋盖构架及柱头上的具有花饰雕刻托木的处理方式，与西藏藏族民居建筑处理具有相同的构思。桂北地区的壮族、侗族、苗族的民居除了体量大小有区别以外，其他如构架、装修、构造等方面皆很近似，建筑技术已经糅合为一体了，看不出有什么差别。甘肃南部藏族住宅的装修，特别是密集型棂花格窗是受甘肃临夏地区回居的影响也是至为明显的。云南丽江纳西族的民居是吸收了白族三坊一照壁的形式和藏族的楼居形式，糅合在一起而创造的新形式。

另外，清初至清中叶执行的"借地养民"、"驻兵屯田"等政策，以及华南客家人迁居到更广泛的地区，这些移民活动亦对各地民居的交流产生影响。如河北迁徙农民进入哲里木盟，又从山西北部及陕西迁民至集宁、伊克昭盟（现鄂尔多斯市）一带，使得内蒙古南部地区民居与晋北民居类同。又如四川在明末清初之际，由于战乱原因而人口锐减，大量的两湖及广西居民迁入四川，史称"湖广填四川"，故在川南一带的民居形式明显带有两湖的风格。又如乾隆年间平定新疆准噶尔部的叛乱以后，曾经营乌鲁木齐、伊犁一带二十余城，驻兵屯田，以汉兵屯种，携眷移戍，造成北疆地区具有各种风格的民居形式共存现象。清代又有大批闽南人迁居台湾台南、高雄

图1-69 广东华侨还乡建造的西洋式的庐居

图1-70 具有西方建筑元素的家祠

一带，所以现存台南地区古代民居大部分为闽南式民居，而原土著的高山族民居反而成为凤毛麟角。闽粤地区侨乡民居由于华侨的沟通，清代以来，海禁松弛，移民海外的人口逐渐增多，华侨在外地的事业成就以后，多寄钱还乡，买房置地，发展生产。很多海外的装饰风格及构造手法在清末也传入中国。如广东开平、台山、新会一带华侨所建的庐居、碉楼、骑楼中大量运用砖石型的拱券、廊柱、山花等洋式建筑样式（图1-69、图1-70）。

第二，聚落布局及民居设计的建筑密度增加。

随着经济的繁荣，全国人口大量增殖。明朝以前全国总人口一直在五六千万之间徘徊，至乾隆初期全国人口已突破一亿大关，乾隆中期达两亿，至清朝末年已增至近四亿五千万人口。由于人口与耕地间的矛盾加剧，居住的密集程度较明代提高许多，这一点从各地明清住宅的比较中可明显地看出来。早期的北京四合院，围绕主院四周设更道一周，更道外再围以院墙。中、后期的四合院取消了更道。晋中地区民居亦由于用地原

图1-71 密集式的商住两用屋——广东台山竹筒屋

因将正房建为两层，至清末甚至将后罩楼建为三层。在晋东南晋城一带四合院的四面房屋全部为两层，个别尚有三层住房。

东南沿海一带地区的市镇沿街巷或河浜建造的小型住宅多为联排式民居，每户占用一间至两间面阔，彼此共用山墙，联檐通脊，一长串地并联在一起，建筑密度极高。闽粤沿海地区用地更为紧张，当地人民创造了一种单开间、长进深的民居形式，进深长达四五间，粤中称之为"竹筒屋"（图1-71）。在黔桂山区一般少数民族多进一步开发山区耕地，移家上山。随山势回转建造成排的房屋。四川等地区工匠们还总结出一套适应地形特点的民居建造手法。在桂北、重庆、湘西、贵州等地沿陡坡、河边建造占天不占地的吊脚楼式民居已成当地惯例。紧凑用地、加高层数、拼联建造、加长进深、出挑悬吊等项措施可以说是清代民居发展的新趋势。此外，住宅密集化导致火灾蔓延，不易扑救，为此南方地区砖制的封火山墙应运流行，并创造出各种优美的造型，阶梯形、弓形、曲线形等不胜枚举，往往借助于封火山墙的特异形状可以辨别出民居的地方性。

第三，商品经济在民居中逐步产生影响。

康乾时代形成了封建末期的一个经济小高潮，世称"康乾盛世"，特别是工商业有了巨大发展，商品经济孕育着资本主义在中国的萌芽（图1-72）。建筑业也出现了私人经营的木厂（建筑营造厂），以及专为出租使用的商品住宅等现象。在集镇中手工作坊或商店往往与住宅相结合，各地出现了一种前店后宅的住宅形式。这种住宅形式一直是传统小商店的基本形式。据记载，北京

图1-72 旧式的北方商业建筑——山西平遥日升昌票号（银行）

皇室曾数次建造简易民居以供出租。浙江曾有一种"十四间房"的民居，亦是分户租用式。近代沿海大城市中，如上海、天津等地的里弄住宅在初期即脱胎于传统的院落式民居。如南方的石库门式里弄住宅，实际是取用苏州传统住宅的最后一进两层楼的上房形制，并将其分隔成两户使用，形成密度较高的出租里弄住宅。随着海外贸易的发展，西方近代流行的民居装饰手法，如三角形山花、瓶式栏杆及券洞式拱门等传入中国，在清

图1-73 精美的砖雕——安徽歙县棠樾乡祠堂

图1-74 空透的木雕——浙江东阳卢宅

代晚期的各地民居门头装饰等处皆有应用。清代末年由于玻璃制品推广运用到民间住宅中，所以直接影响到门窗棂格的变异。

第四，民居建筑装饰中大量应用工艺美术技艺。

经济发展为人们提高文化要求提供可能性，这时期在审美观点上出现了装饰主义的倾向，导致手工艺技艺的繁荣，美术品、工艺品不仅是帝王、贵族的享受品，而且也进入了庞大的中产阶级，包括官僚、地主、富商等阶层的日常生活中，并转化到民居建筑上，成为内外檐装修的重要装饰手段。对民居装饰艺术影响最大的是砖、木、石三雕技艺。自清代中期以后广泛用于墀头、影壁、门楼、垂花门、撑栱、廊内轩顶、门窗棂格、室内装修、花罩等部位。其中以东阳、广东及大理等地的木雕最为复杂精细，大理格心板木雕有套雕四五层图案的。石雕除础石、门枕石、抱鼓石、石栏杆以外，绍兴的石漏窗、潮州的阴刻石刻画是很精彩的作品。四川等地用瓷片装饰屋顶。闽南大型民居油饰中喜用贴金工艺等。以上这些装饰手法各有独到的艺术效果，为各地民居增添了鲜明的地方特色。苏州砖门楼的雕刻自乾隆时期以后大量增加花卉、人物、戏剧等复杂雕饰内容，有的甚至为透雕。清代民居的美学风格明显较明代民居的装饰意味更为浓重，增加了许多炫富的创作因素（图1-73、图1-74）。

第五，木材危机刺激民居建筑寻求新材料及新技术。

由于连续垦荒及滥伐，大面积森林被毁，可用的成材木料日趋稀少，它逼迫匠人及业主寻求

图1-75 砖墙承重的广府民居

图1-76 诗意的私家花园——吴县木渎镇严家花园

新的结构材料及结构形式。最显著的一点即是以砖墙承重的"硬山搁檩式"结构在清中叶以后，在国内南北各地发展起来（图1-75）。甚至广西壮族习惯用的干阑式结构也逐渐为砖石所代替，采用砖柱和砖墙承重。一些古老的建造方式，例

如土窑洞及石头房子不仅没有被淘汰，而且进一步焕发了新的生机。就是仍然采用木材为构架的民居，亦经过改进而节约了用量，简化了构造方式。与明代住宅相较，清代住宅，特别是中后期住宅的柱径、檩径、梁枋尺寸等明显变小变细，大的月梁造型也以直梁代替，苏州等江南一带更多发展用圆木作梁架，减少边材的损失，就是扁作式梁架也是用原木为主体，两侧夹贴面板而成。可见木架构造的简化及砖石化是民居结构发展的大趋势，引起民居外貌巨大的改变。

清代复杂的社会变化对民居建筑的影响不仅仅限于上述提到的诸点，尚有一些方面亦值得注意。如社会经济发展，财富相对集中于一大批富商、官僚之手，使他们有可能建造规模宏阔，院落相套，装修考究的大宅院。在这种大宅院中附建花园、花厅的普及程度也较明代为高（图1-76）。由于阶级矛盾的激化，特别是清代中晚期，大宅院多建碉楼、炮楼，以及避难楼等设施，东南沿海村镇亦建有碉楼，或在楼房民居外墙增设炮眼以防盗匪攻击，闽粤客家人重点发展多层集居式大土楼。这些都是基于防卫的原因而采用的建筑措施。

从中国民居发展史来看，清代民居可以说是剧变时期，是转化至近代建筑的过渡。粗略的分析可分为三个阶段。因袭期——清初顺治帝至雍正帝期间（公元1644～1735年），民居形制基本因袭明代的技艺与风格，改进不大。体形变化少，注意结构的艺术加工，如柱、栱、梁的美化方面，附加装饰少，用材粗大，楼房比例少，屋顶坡度缓，整体艺术风貌呈现稳重古朴的格调。成熟期——乾隆帝至道光帝时期（公元1736～1850年），由于人口的大发展及经济迅速恢复，引起民居的变化亦至为显著。民居用地大量利用坡地、台地；平面形制及构架形式向多样化发展；民居建筑进深普遍加深；寝卧部分建为楼屋的实例增多；用材尺寸明显减小；结构美化从形体美学向装饰艺术转化；砖、木、石三雕装饰手法普遍加多；门窗棂格图案纹饰花样翻新；地方性构造技术及装饰艺术得到发掘及推广。总之，这时期的民居空间变化及建筑美学方面有突出的进步，表现出多样并华丽的风格，是清代民居的代表时期。转化期——降至咸丰帝（公元1851年）以后，中国逐渐沦为半封建半殖民地社会，社会背景的变化引发了民居的剧变。例如，结构上砖木混合结构广泛使用，直接影响到民居的建筑外观面貌；同一类型民居成排成组地建造，以供出租；采用民居局部空间形态组成小型的新民居，如江南的石库门式住宅。沿海地区民居首先接受西方建筑影响，引入瓶式栏杆、山花、拱券、柱头装饰等西方建筑装饰符号。清代后期玻璃的推广使用，更使内外檐装修产生质的改变。少数民族地区民居的变化亦十分巨大，如清末大理白族民居所喜用的无厦门楼，代替了以牌楼形式装饰门口的传统手法。傣族竹楼逐渐演变为木构架、瓦顶的永久性民居，摆脱了竹干栏、草顶的形态。新疆喀什的"阿以旺"式住宅，由于用地紧张，在清末发展成楼居等变化。

下 篇
中国民居概述

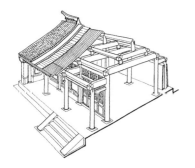

图 2-1 抬梁式屋架

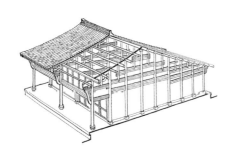

图 2-2 穿斗式屋架

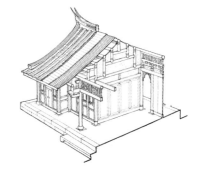

图 2-3 插梁式屋架

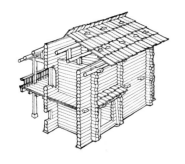

图 2-4 井干式屋架

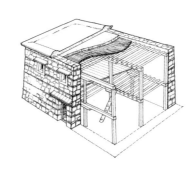

图 2-5 平梁密式屋架

图 2-6 悬山式屋顶

　　中国地域广袤，纵跨三个气候带，山区平原交错，民族众多，达到 56 个民族，且都保持着自己的民族特色，生产和生活状况各不相同，这些条件都是影响着各类中国传统民居形制形成的因素，因此显示出了十分丰富多彩的民居面貌。

　　中国传统民居建筑结构用料基本为木材，也兼有石材、砖材、竹材及黄土（土坯、夯土）等。民居建筑中使用的木结构形式有抬梁式、穿斗式、插梁式、井干式，以及平顶建筑使用的平梁密檩式等数种。基本都是以木柱承托屋顶，室内空间架空，墙体不承重的构造思想，因此，可灵活地安排分隔体及门窗。没有欧洲传统民居所采用的承重墙架式结构。抬梁式结构是在柱顶上架设层

层缩短的平梁，梁端架设纵向檩条，再架椽铺板，构成前后双坡顶。其承重原理是搁置的方法，故适合防寒要求较高，屋盖厚重的中国北方地区（图 2-1）。这种构架的缺点是纵向稳定性较弱，但对体量较小的民居建筑的影响尚不明显。穿斗架结构是将檩条架在柱头上，房屋有多少檩条，就需要多少根木柱，然后以扁平的穿枋沿横向将所有木柱穿连起来，形成屋架。再以斗枋将各榀屋架沿纵向串联起来，形成房屋的整体构架。为了改善室内空间，亦可减少部分木柱，将檩条架在短柱上，短柱落在下面的穿枋上。穿斗架木料多为修长的杉木，用料较小，适合屋面轻薄的中国南方地区（图 2-2）。其缺点是柱网过密，影响使用，

不能建较高的楼房。插梁架结构是将承重大梁插
在前后檐柱的柱身上，梁上再以抬梁的方式架设
梁檩，梁上短柱之间以穿枋相连，是兼具抬梁与
穿斗特点的构架方式。多用于南方规模较大的厅
堂或祠堂等建筑，具有很强的装饰性（图2-3）。
井干式是一种很古老的结构方式，是以木墙承重
的结构。木墙是由原木(或加工过的方木、六角木)
垒叠而成，转角处相互咬接，十分坚固。坡屋顶
搭在原木墙上。因这种构造类似古代井口边的围
栏，故名（图2-4）。这种结构的缺点是用材较多，
仅适用在树木茂密的林区，且门窗开设受到限制。
平梁密檩结构是沿纵向柱顶上搭设大梁，梁上沿
横向平置密檩，形成平顶，为干旱地区多用的结
构形式（图2-5）。缺点是跨度不宜过大。砖拱
结构仅在少数窑洞建筑中使用，并不普遍。

中国传统民居坡屋面仅有两种，即悬山式和
硬山式。悬山式是指屋面前后出檐外，两侧山墙
上的屋面亦挑出若干，以避免山墙淋雨。适用于
山墙是土墙、木板墙或竹笆夹泥墙等怕雨淋的民
居建筑(图2-6)。明代末年的民居开始大量用砖，
墙面防雨性能提高，山面屋檐不再出挑，称为硬
山式（图2-7）。在南方地区的民居为了防止火
灾延烧成片，而将山墙再度提高，超过屋面，作
为防火墙。同时将墙顶做成各种样式，并各有专
名，如马头墙、观音兜、五花墙等，成为各地民
居建筑外观的显著符号（图2-8、图2-9）。至
于更为复杂的歇山屋面仅在朝鲜族及傣族民居中
出现过，是为特例。屋面材料基本是使用青色陶
瓦，这种瓦材已经使用了2000年以上，是一种
古老的屋面防水材料。中国北方的民居是将陶瓦

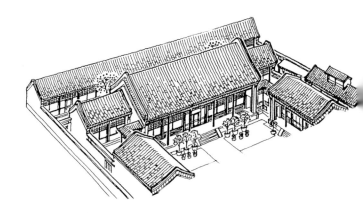

图2-7 硬山式屋顶

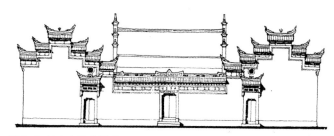

图2-8 封火山墙式屋顶

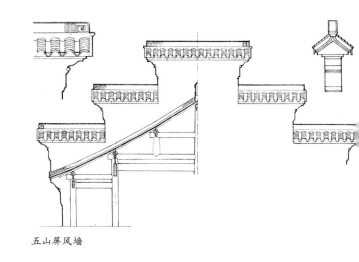

五山屏风墙

图2-9 封火山墙式屋顶

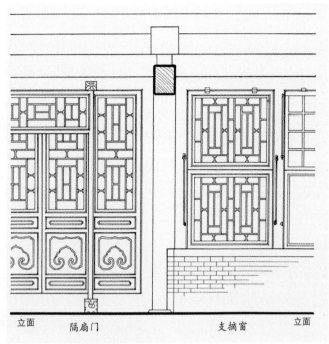

立面　　　　　隔扇门　　　　　　　　支摘窗　　　　　立面

图 2-10 北方地区民居外檐装修

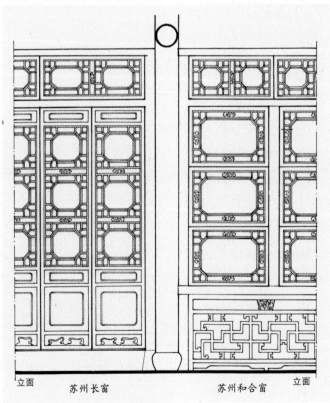

立面　　　　　苏州长窗　　　　　　苏州和合窗　　　　立面

图 2-11 南方地区民居外檐装修

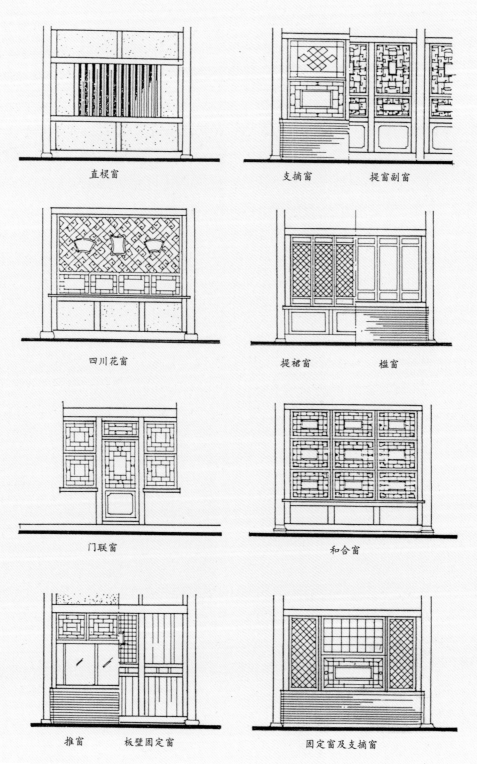

直棂窗   支摘窗   提窗副窗

四川花窗   提裙窗   槛窗

门联窗   和合窗

推窗   板壁固定窗   固定窗及支摘窗

图 2-12 中国民居外檐各式窗型

卧在厚厚的苫背泥上固定，以提高屋面的保温效果。而在南方是将陶瓦摆在椽子上，没有胶结材料。屋面仅为防雨，并不需要保温。在某些经济落后，交通不便的地区，也有草顶、木闪片顶、片石顶、竹筒瓦顶等的民居，就地取材，经济实用。

中国民居的内外檐装修亦带有木制建筑的特点。在没有使用玻璃以前的木制外檐门窗是靠糊纸来采光，为避免纸张损破，必须设计密集的棂条图案为支承，因此产生了复杂多变的隔扇门窗样式，从室内观察并且会出现优美的剪影效果。使用玻璃以后，棂格图案变得疏朗，并且可将院中景色纳入构图之中，产生意想不到的诗情画意（图2-10～图2-12）。分隔室内空间的内檐隔断设计亦是中国民居的一项包括有完全隔绝空间的做法，如木板壁、编竹夹泥壁、清水砖壁；也有可以开合的隔断体，如碧纱橱（隔扇门）、屏门（活动板门）；还有半隔断的分隔体，如太师壁（中间为板壁，两侧为洞门）、博古架（文玩搁架）、书架等；最具东方趣味的是一种隔而不断，仅起到划分空间的作用，室内仍可通行联系的象征性分隔体，称之为"罩"或"花罩"。罩的种类甚多，根据其组合因素的不同，有落地罩、栏杆罩、几腿罩、八方罩、圆光罩、花罩、飞罩等。这些罩都是木制的，经过雕刻工匠的精心制作，上光磨退，精致异常，进一步提高了室内空间的艺术效果（图2-13）。

全国各地各民族民居形制的形成是受到诸多因素的影响的。如地理因素，包括地形、地貌、气候、降水、防灾等，在古代建造技术尚不够完善的情况下，都是民居建筑要考虑的主要问题。

再有地方建筑材料因素，如木材、土质、石材、燃料等。民居是朴实经济的建筑，因地制宜，就地取材是其本质要求，当地有什么建筑材料，就用什么材料建房。而材料又决定了结构形式，结构又决定建筑的外形，在某种程度上，材料是建筑形制的决定因素。再如居民经济生活方式的因素，官宦、商贸、手工业、农耕、游牧、狩猎等居民皆要求有不同的住居，以适应自己的生活方式。又如社会人文因素，四世同堂家族、小家庭农户、合族共居、封建礼法、等级制度、宗教信仰、风水理念等都对民居形制产生重要影响。在诸多条件影响下，全国具有独特形制特色的民居约有五六十种。概括地讲，民族的、社会的、地域的、经济的、技术的背景条件都对民居形制的形成产生过积极的影响。但分析这些特色民居的主要特点，主要表现在空间组合、平面布置、结构及构造形式、表面修饰等几个方面。空间组合是指居民按照社会制度、家庭组合、信仰观念、生活方式等社会人文因素安排出的民居建筑空间形制，它具有鲜明的社会特征及时代特征，应该作为分类的首要考虑因素。而平面布置、结构形式则往往受经济水平、地形地貌、气候、材料及技术发展等具体条件的影响，由此而产生形制差别也是民居差异性的重要因素，可以说是仅次于空间组合的重要分类条件。因此，若将这些特色民居进行分类的话，首先应从空间组合上考虑。据此，可分为五大类：即庭院类、单幢类、集居类、移居类、特色类。

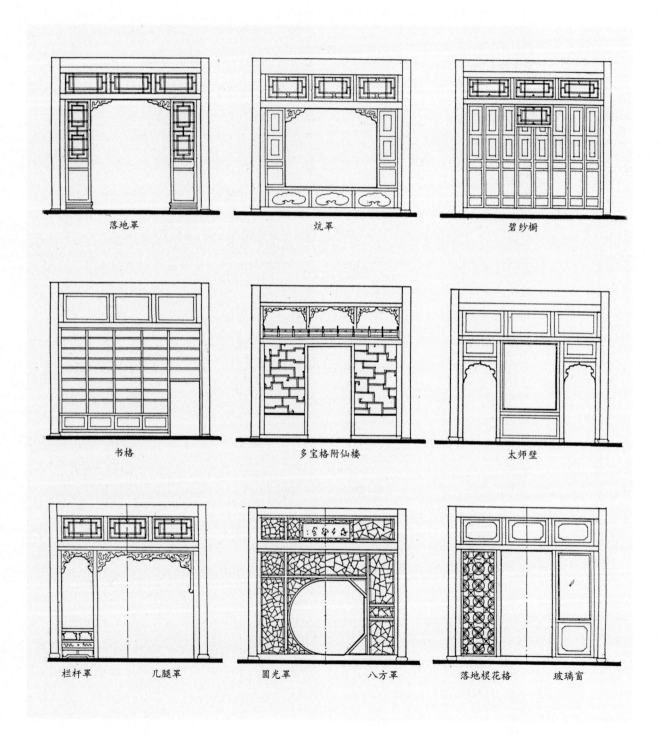

图 2-13 中国民居内檐的各式花罩

第一节　庭院类民居

庭院类民居是汉族、回族、满族、白族、纳西族等居民长期采用的民居形式，有着悠久的历史，使用范围极广，可以说是中国传统民居的主流。由于历代宫廷建筑亦是从这类民居构图发展演化而成，故有的专家亦称之为宫室式民居。顾名思义，庭院类民居最大的特点是除了居住的建筑以外，尚有一个或几个家庭私用的院落，由于封建宗法思想的影响，这类院落皆为内向院落，即由建筑物或院墙包围的院落，与西方府邸的开放式庭院不同。

这种院落一般为方正形状，根据四周回环布置的建筑物的多少，可形成四合院、三合院、两合院、甚至是一合院。庭院类民居是一种室内、室外共同使用为居住生活空间的民居形制，它正适合中国版图大部分处于温带的地理气候条件，也是封建经济发展至一定阶段以后，私有制及私密性加强的一种反映。这种形制具有极大的灵活性，它可以是独院，也可以扩展成多进院落及多条轴线的各种规模的组合群体，它可适应各种家庭的使用需要。个别地区还可建造部分二层或三层，进一步增加这种形制的建筑空间的变通性。

中国北方至南方的气候差异很大，各地区传统生活习惯及风俗亦不相同，使这类民居在具体形制上又分为三种格式，即合院式、天井式及三堂式。

一、合院式

它的形制特征是组成方形或矩形院落的各幢房屋是分离的。住屋之间以走廊相连或者不相连属。各幢住屋皆有坚实的外墙和密闭的外檐装修。室内空间与室外空间有严格的划分，各幢住屋门窗皆朝向内院，整幢住宅外部包以厚墙。这类住房包围的院落较大，有的尚有树木、绿化。在夏季可以接纳凉爽的自然风，冬季可获得较充沛的日照，并避免西北向寒风的侵袭。

合院式是中国北方，即东北、华北、西北的通用民居形式，其分布范围的南线可以淮河、河南、汉中、甘青为界范。合院式民居分布区域的冬夏气候差异明显，大部分地区冬季须供暖，风沙较大，夏季雨量较少。

属于合院式民居的形制中当以北京四合院为代表。此外，晋中民居、晋东南民居、陕西关中民居、甘肃临夏回居、宁夏回居、吉林满族民居、青海庄窠、白族民居、纳西族民居、云南摩梭人民居等皆为合院式。其中新疆伊宁民居虽属信仰伊斯兰教的维吾尔族、克尔克孜族等居住的民居，但在此地区冬夏气候明显，建筑围护结构严密，冬季室内供暖，夏季室外纳凉，建筑及院墙围合成院落，故亦应属于合院式民居。

北京四合院　北京四合院是北方合院式民居的典型形式。冬季北京气温较寒冷，供暖期为四个月，而夏天不太炎热，全年雨量为 680 毫米，集中在 7～8 两个月内。这种冬寒夏爽的自然条件对北京民居形制的形成，有很大的影响。同时北京地处燕山南坡，华北平原的北端，东南部是洪积冲积扇形地，地势平坦，径流顺畅，建筑布

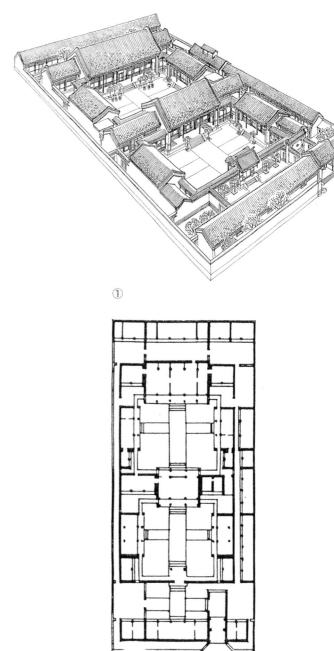

①

图 2-15 北京金鱼胡同 2 号的四合院

图 2-16 北京四合院崇礼住宅大门

②

图 2-14 标准四合院布置图 (1) (2)

图 2—17 北京前鼓楼苑胡同 7 号住宅正房

图 2—18 北京四合院抄手廊

图 2—19 北京西绒线胡同某宅垂花门

图 2—20 北京西观音寺某宅室内装修

局的限制较少。但北京又处多震地带，清初曾发生过三次大地震，民居长期采用框架木结构，亦为适应防震的要求。北京又是全国的政治中心，辽金元明清五代帝居，人员辐辏，官僚众多，工商发达，因此民居的规格与质量在封建社会中皆为上选，而且形成典型的形制。

北京四合院多按南北纵轴线对称地布置房屋和院落。完整的四合院皆有三进院落（图 2—14）。住宅大门位于东南角上，而不在正中，门内迎面建影壁，以隔绝外人的视线。进门转西入前院，院南设倒座房，作为外客厅、书塾、账房或杂用间使用。前院正中纵轴线上设立二门，富者把二

图 2-21 天津杨柳青石家大院内檐圆光罩

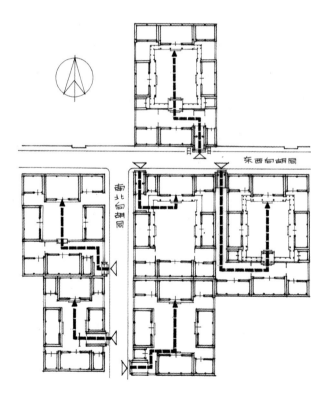

图 2-22 入口方向不同的四合院平面布置图

门装饰成华丽的垂花门形式。进垂花门为面积较大的近正方形的中院，院北正房为正厅，供全家活动、待客之用。按清代规定，正房面阔不过三间，一明两暗，中间为客厅，两边套间的朝向较好，故作为长辈居住的房间。中院两侧厢房供晚辈居住。院子四周以抄手游廊及穿山游廊联系起来，成为全宅的核心部分（图 2-15 ～图 2-21）。

院内栽植花木，陈设盆景，大缸养鱼，点缀湖石，构成安静舒适的居住环境。遇有婚丧大事，还可在院内搭建临时席棚，以待宾客，室内外空间穿插，以补空间之不足。正房左右附以耳房，作为辅助房间。较大住宅尚有第二进中院，同样布置正房及两侧厢房，作为居住用房。住宅最后边建后罩房一排，形成后院，多安排为储藏杂物及仆人用房。后罩房西侧留一间作为后门，通后边胡同。即按八卦方位，前门开在"巽方"（东南向），后门开在"乾方"（西北向），形成乾山巽向的卦位，以符合风水学说的吉向。但某些个例，由于用地的限制，大门不能开设在东南角，亦可调整平面，达到适用的目的（图 2-22）。四进院的大住宅，进深约 70 余米，与北京城市标准胡同之间净距相近。正房、厢房皆向院内开设门窗，惯用采光面积较大的双层支摘窗，可兼顾冬季采光、防寒及夏季通风换气。靠门设帘架，冬夏可挂棉帘、竹帘等，有的人家在帘架的基础上安装了风门等固定装修，以防风吹。住宅四周由各座房屋的后墙及围墙所封闭，一般对外不开窗。厨房多置于中院东厢或后院，厕所多设在角落隐蔽之处或前院西南角。大型住宅除一条主轴线外，尚可在左右另辟轴线，增加的住房或布置书房、

图 2-23 北京海淀乐家大宅花园

图 2-24 北京北海北沿 14 号住宅大门

花厅及花园等观赏、休息性建筑等，花园中有建造亭台楼阁，山石水沼，各有风格，成为北方宅园的重要实例（图 2-23）。各轴线的建筑通过跨院或游廊互相套接起来，扩大了使用面积。对于小户人家，宅基地有限，亦可建成仅有一个院落的四合院或三合院、二合院。城镇匠人，手工业者，乡村农户往往仅建正房三间而已。但就是最简单的院落，也是由围墙围绕，并有单独的院门。

经过长期经验积累，北京四合院的单体建筑，形成了一套成熟的结构及构造作法。屋架为抬梁式构架，一般为五架梁。进深为 5～7 米，每间面阔约 3.2～3.8 米。外墙为非承重的围护砖墙。屋顶形式以板瓦硬山屋顶居多，次要房屋则用单坡顶或青灰平顶。由于气候寒冷，墙壁和屋顶都比较厚重，在阴阳板瓦屋面下铺较厚的苫背灰泥。室内设火炕取暖。内外地面铺方砖。室内按生活需要，用各种形式的罩、博古架、隔扇等进行分隔，形成丰富的空间变化。上部装裱吊顶棚。建筑色彩方面，以大面积素雅的灰青色墙面和屋顶为主要色调，穿插使用少量的白灰墙。外檐装修多为赭红色，廊柱、屏门多用绿色，大门黑色。个别民居梁枋也曾采用简单的掐箍头式彩画。唯一丰富多彩的部位为垂花门罩，在大面积青素色调陪衬下，格外显得活泼富丽。乾隆以后的民居受当时风尚的影响，大量采用砖雕，用于大门墀头戗檐、影壁、屋脊等处，增强民居外观的艺术效果。

北京四合院是一种十分成熟的民居形制，布局、间架、构造作法皆有定制，从单体建筑来说，大都雷同。所以保证了地区民居建筑艺术风格的统一性。但在此基础上匠师们仍然创造出极大的

图 2-25 北京秦老胡同15号住宅黑漆金柱大门

图 2-26 北京秦老胡同 21 号樨头

图 2-27 北京四合院垂花门

图 2-28 北京前圆恩寺 33 号门墩

图 2-29 辽宁沈阳张作霖帅府影壁

艺术表现力。主要反映在布局组合、大门、影壁墙、垂花门几方面（图2-24～图2-29）。四合院的布局组合多种多样，从一合院到四合院，从单进院至四进院，从单轴线至多轴线，及带花园的住宅。四合院的大门分别有屋宇式门、随墙门、中西式墙门等多种样式。院内垂花门彩画以苏式彩画为主，但也变化出多种式样。

北京四合院的形制是封建社会、宗法制度及伦理道德制约下的民居形式，很多地方反映出深刻的等级规定及尊卑差别。全宅的平面构图是按家长作为全家核心的原则布置的，一切房屋皆簇拥着正房，而且在开间尺寸、高矮、装饰等各方面皆低于正房。正房不仅是实际家庭生活的中心，也是家族精神象征。此外对各种朝向、质量、面积不同的住房皆按照尊卑、长幼的次序安排使用。而仆役等只能住在外院从房内。全宅分为内外院，中间以垂花门隔绝，外宾、仆役不得随意入内院，内眷不轻易到外院，反映出封建家庭关系中内外有别的观念。大门设于偏旁，并有影壁遮挡视线，升堂入室的过程中又有层层屏门、墙垣，满足了封建家庭对私密性的要求，以及内向的心理状态。虽然典章制度中对庶民房屋的间架没有具体规定，但一般仍沿用明制"庶民庐舍不过三间五架"的习惯，装饰方面规定只能"绘画五彩杂花，柱用素油，门用黑饰"、"台阶高壹尺"等。北京四合院的形制反映出民居建筑除了决定于生活要求、气候状况、工程技术等条件之外，同时也受到当时观念形态的巨大影响。

北京是帝都城市，清代的政治中心，城市居住者除一般市民、富商、地主、官僚之外，尚有

图2-30 北京摄政王府

图2-31 北京大木仓胡同郑王府

不少王公贵戚，他们的住宅在封建社会中是最高等级的住宅，是由朝廷的内务府负责选地建造，御赐给王公使用。这类王府虽然也可以说是四合院形制，但又具有很大的特殊性。他们的封建等级限制较一般民居更为鲜明，按规定，亲王及以下的六个等级王公府第皆有定制。府门、正殿、后殿、寝宫、翼楼的间数，台基高度、瓦件、吻兽、油饰、下马桩等，皆分成不同等级，逐级递减。

王府住宅与一般四合院的不同之处为：大门设在正中轴线上，为了显示王府威势，往往在府门前设东西辅门，横绝门前道路上，前面围以照

墙，行人到此须绕道通行；主体建筑设计成殿堂形式，不受面阔三间的限制，如亲王府银安殿及后寝殿的面阔皆为七间；殿前两厢为楼房，称翼楼，以烘托出殿前的雄伟空间；亲王府殿堂可用绿琉璃瓦及脊吻，部分建筑可用斗栱；后罩房为楼房，如恭王府的后罩楼横贯三组院落，长达48间；可使用彩画装饰殿堂，使建筑更为富丽堂皇；多数王府皆附有花园（图2-30、图2-31）。总之，王府建筑是更具有皇室气派的住宅建筑。

图2-32 北京恭王府戏楼

据记载，顺治至嘉庆年间在京共有王公府第89处，由于获罪夺封，死后无嗣，因事革退等原因，府第转封他人或改作别用，至光绪时仅余50余处，目前现存15处，但大部已作改造，其中保持尚好的有恭亲王府、新醇亲王府、郑亲王府、顺承郡王府等。恭王府位于北京西城前海西大街，原为乾隆时权相和珅的住宅，后归庆亲王永璘，咸丰时转赐其弟恭亲王奕䜣。恭王府分为府邸和花园两部分，府邸分为东中西三路，中路有府门、正殿、配殿、后殿、嘉乐堂；东路有多福轩、乐道堂；西路有葆光室、锡晋斋等，尤以

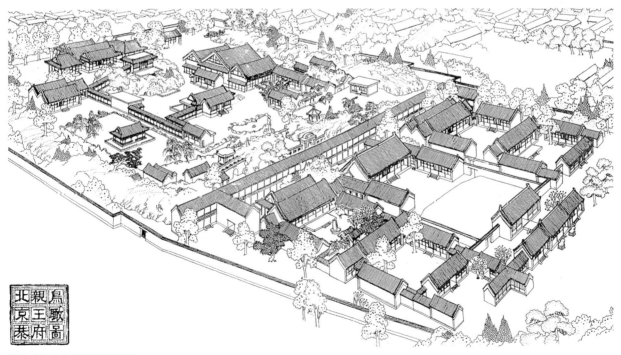

图2-33 北京恭王府鸟瞰图

图 2-34 北京鲁迅故居厢房

图 2-35 北京门头沟区爨底下村三合院

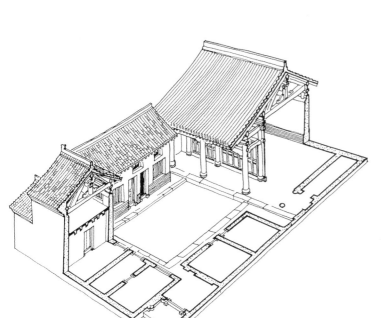

图 2-37 晋中民居剖视图

图 2-36 北京门头沟区爨底下村民居

锡晋斋内所构筑的雕饰精美的内檐格扇装修最为著名；东中西三路后背以联檐通脊长160米的后罩楼所环抱，形成宅与园之间的分隔。后部宅园称萃锦园，是恭王建府以后增设的，它占地38亩（约为2.5万平方米）。有假山、厅堂、戏台、岛屿、花木之设，是尚存的少数北方私园的实例之一（图2-32、图2-33）。

北京四合院是一种地区的民居形态，除北京城区及近郊以外，它还影响到相当宽阔的地域（图2-34～图2-36），东至冀东及锦州地区，北至承德、张家口、山西大同、内蒙古自治区呼

图2-38 山西祁县乔家大院二号院后楼侧视

图2-39 山西祁县乔家大院之一

图2-40 山西祁县乔家大院之二

和浩特一带，南至河北省中南部。当然各地区在平面形制基本类似的情况下，又有各自的构造及风格特点。冀东、锦州地区瓦房渐少，多用草砂灰拍实的，微有起拱的弓形平屋顶，而且庭院广阔；承德一带农村正房多用四间；而张家口及口外一带受山西民居影响，屋面坡度较缓，院落形状狭长，但基本形制仍属北京四合院。

晋中民居　自太原、太谷、祁县、平遥一直到襄汾的汾河流域是山西省的人文荟萃之区，清初从事贸易者甚多，晋商足迹遍及全国。尤其太

图2-41 山西灵石王家大院入口牌坊

图 2-42 山西祁县乔家大院一号院后楼

谷、平遥一带商人兼营"票号"金融生意，即今日的银行。盛时太谷达 22 家，祁县 15 家，平遥亦有 13 家。这个地区的民居亦为合院式（图 2-37～图 2-41）。它的特点是正房多为五间，分成三间二耳，或一字五间排开；两厢房向内院靠拢，形成南北狭长、东西短的院落；厢房间数增多，从三间到十间皆有，中间以垂花门或牌楼隔开，成为内外两院，厢房的分隔间数为内三外三，内五外五或内五外三等不同方式（图 2-42～图 2-48）。富者以五间过厅式建筑代替垂花门；还有在院中增设戏台的；倒座房五间，有的做成两层形式；大门入口开在东南角或正中，较为灵活；全宅周围以高墙围绕，墙高过屋顶，外墙不开窗或仅在上层开小窗，封闭异常，带有明显的防卫

图2-43 山西灵石王家大院桂馨书院上院正房

图2-44 山西灵石王家大院凝瑞居后院牌楼门

图 2—45 山西祁县渠家大院牌楼院二门

图 2—46 山西祁县渠家大院牌楼院后楼门罩

图 2-47 山西灵石王家大院敦厚宅后院装修

图 2-48 山西祁县乔家大院四号院室内

性。以上这些都是与北京四合院不同之处。

　　住宅使用功能同样正房为客厅和长辈卧房，厢房做一般卧房、书房等用，倒座作为外客厅及杂用房间。这地区民居的外观简素，但宅内却极为华丽，富裕者常用砖木雕装饰前檐，甚至有使用斗栱的。正房有前廊，雕饰有精美的格扇和挂落，个别住宅正房梁架尚有青绿彩绘。太谷、祁县一带的正房往往做成两层楼，楼上作储藏之用，而平遥的民居中又惯用一座砖砌窑洞作为主要房屋，这些是地区的小特点。由于晋中民居的院落狭长，厢房的进深一般较浅，小者仅 3 米左右。为了方便使用，多将三间厢房从中间分隔成两间使用，俗称"三破二"，这也是一种变通方法。由于进深浅，厢房的屋面改为单坡顶，内向排水。厢房屋顶内有阁楼层，可贮杂物。卧室内设火炕，前檐炕或顺山炕皆有。一般正房开间为 3.2～3.8 米，进

图2-49 山西襄汾丁村十三号院

图2-50 山西襄汾丁村十一号院牌坊门

深5～7米，结构为抬梁式木构架。晋中民居正厅的木装修为格扇式门窗，有精美的棂花格，带前廊的正房多在枋下设雕刻繁杂的挂落。

汾河下游的临汾、襄汾、侯马一带晋南地区民居亦属于晋中系列。所不同的是正房多为单层房，带有木柱前廊。其中尤以襄汾县的古代民居保存较多（图2-49、图2-50），仅丁村一地即保存16～19世纪的民居有32座，还有不少民国初年的民居。将现存的晋中、晋南各时期民居进行排比归纳，明显看出，明代至清代民居的演化。后期民居用材明显节省；椽子减细；前檐中使用支窗及花窗，代替了槛窗；并且用砖量增加，逐步将前檐墙改为砖墙，形成砖楼式样；民国初年改为砖券式窗洞；进入清代中叶以后，木雕砖雕的使用更为普遍；并且全宅院墙逐步加高，增强防御性，伴随院内前檐墙改为砖墙，原来的木柱前廊消失，而代以瓦顶单间门罩或垂花门罩；为打破高大院墙的沉闷感觉，增加民居的可识别性，以及显示业主的地位，增设了屋宇式大门。从这些变化中可以看到，经济条件对民居的影响，业主可以采用新的坚固材料——砖，审美情趣趋向奢华。而且对保卫财产的关心程度更加深刻。至民国初年，一些富商大户的宅院还设有碉楼、更道，甚至沿院墙墙顶设置马道，持枪护院。

晋中晋南民居的影响面十分广泛，随着晋商的足迹，这种民居形制亦带到各处。陕西关中地区民居与此形制类同，但因气候炎热，故院落更为狭长。晋北大同以及内蒙古自治区呼和浩特市、包头市一带，亦为此形制。因地区寒冷，需要多纳阳光，故院落较晋中稍宽，正房多为五开

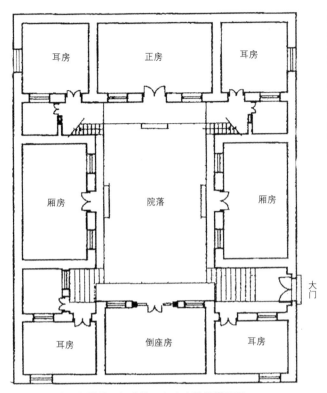

图 2-51 山西上党地区标准的四大八小民居平面图

图 2-52 山西阳城郭峪村民居

间。至于陕北榆林，神木等地，虽然与晋中地理纬度相近，但因地处高原，低温干燥，最低气温达－32℃，所以其院落更为宽敞，正房至少五开间，甚至有达九开间者，以便接纳更多的阳光。

晋东南民居　清代泽潞二州，古称上党地区，现为晋城、长治地区，土地丰厚，是山西富腴之地。当地的民居以砖瓦房为主要形式，一般住户多住三合院，正房为两层，两厢为平房，形如簸箕，又名"簸箕院"。但最具特色的是称为"四大八小"的四合院。地基用地为正方形，每边皆为三间住房，形成正方形院落，另外每

图 2-53 山西阳城润城民居刘宅

图 2-54 山西阳城润城民居

图 2-55 山西阳城皇城村牌坊

边房屋的两侧皆有两间耳房，正房、倒座侧为二间耳房，厢房侧为一带顶的楼梯间，这样全院共有四座大的房屋和八座较小房屋。同时在全宅四角形成四个抱角天井，加上中央的院子，共有五个天井。故这种布局当地称为"四大八小五天井"式（图 2-51、图 2-52）。此式民居多为楼房，正房高达三层，厢房、倒座为二层，在二层住房间有周圈的跑马廊，相互串通（图 2-53～图 2-55）。屋顶为瓦屋面，悬山顶，即使在正厢房皆为两层的情况下，正房屋檐也高于厢房屋檐，以突出正房的主导地位。正房前檐有精美木制装修及栏杆。为扩大庭院面积，正房有前檐廊柱落地，而厢房的二层跑马游廊为悬挑式的。晋东南民居入口的设置较灵活，可

以在东南角、西南角或者以厢房为入口。厨、杂、厕、储等房间可利用耳房小院。每一院落中已有足够的使用房间，故独院民居较多。在合院式建筑中晋东南民居是一种布局十分紧凑，密度较高，使用亦十分方便的类型，可能与当地人多地少有关。但有些大宅仍可采用两进院形制，当地称之为"棋盘式"。晋东南民居的外墙围护皆为砖墙，外观挺拔整洁，入口设计成有内凹式门洞的两层门楼。大户人家亦在梁枋及雀替上雕饰花纹。结构为木抬梁式。门窗装修多用格扇门及槛窗。

陕西关中民居 关中一般指渭河两岸，宝鸡、武功、西安、华阴、韩城一带，俗称为八百里秦川，

图2-56 陕西韩城党家村民居群

图2-57 陕西韩城党家村民居

图2-58 陕西长安县某宅

图2-59 陕西西安建章宫村民居

为陕西主要粮棉基地，也为历代建都之域。关中地区基本上为一盆地，南为秦岭所隔断。北部地势渐升为黄土高原。区内冬季较冷，夏季炎热，且有伏旱，是属于北方气候带中闷热地区，防晒成为居房的首要需求。这一带民居的院落更为狭长，宅基地较狭窄，约为10米左右。正房三间，无耳房，两侧厢房向院内收缩，造成两厢檐端距离小者仅1.1～1.2米，影响采光。但夏季的宅院常处于阴影区内，取其阴凉效果（图2-56、图2-57）。关中地区地少人多，人均耕地不足1000平方米，农业用地与人口的矛盾突出，所以造成民居布置密集。各户宅院的正房皆并川连脊，厦房（厢房）为一面坡式，背靠背地修建，即各宅之间无甬道界墙。各宅入口只能布置在前街后巷。农村中单独修建的民居，其厦房也为单坡屋面，向院内排水。当地习惯正房作为祖堂、客厅，而不住人，以厦房为主要居室。在农村有些住户宅院仅盖厦房，而无正房。多进院落的中间房屋

图2-60 甘肃临夏白宅

图2-61 甘肃临夏八坊白宅角楼

做成敞厅式的过厅，以联系前后院。大门开设在临街倒座房的东间，其余两间作为杂用房。民居的最后部分皆有一小院，安排杂务之用，城市或农村皆如此处理。关中民居以平房为主，仅城市大宅在最后一进安排后楼。农村民居外墙多为夯土墙或土坯墙，为防雨水冲刷，在土墙上部砌有二三条小青瓦滴水檐，具有一定的装饰效果（图2-58、图2-59）。关中民居墙高，院窄，外貌相似，在建筑外观上颇觉单调。

甘肃临夏回族民居　回族是我国人口较多、经济文化较发达的一个少数民族。清代已达300余万人，分布在宁夏、甘肃、青海以及河南、河北、山东、云南、新疆等地。其分布特点是"大分散，小集中"，不论城乡，回民皆喜集中居住。回族是13世纪初（元代）由中亚、波斯、阿拉伯等国迁居至中国经商、为匠或入仕的伊斯兰教民，当时称之为"色目人"，元代官书称之为"回回"，他们长期与汉族、维吾尔族及蒙古族共居相处，文化经济互济互补，逐步形成了回族。

回族文化虽为伊斯兰文化，但受汉文化的影响至深，在其民居形态上表现尤为突出。他们亦采用木构架合院式建筑，及适合地方特点的构造方法和建筑装饰技法。有些地区的回族民居与汉居相差无几，如北京回民亦住四合院房屋，宁夏银川、同心地区回族盛行平顶房与内蒙古、辽西的碱土平房同属一个类型。其中较具特色的为甘肃临夏的回族民居。临夏地区位于甘肃南部，黄河、大夏河流经其间。其气候属大陆性气候，冬季最冷时达－27℃，冰冻期为7个月，夏季亦较

图2-62 甘肃临夏八坊马宣七东公馆檐廊

图2-63 甘肃临夏马宅

炎热，全年雨量仅480毫米，是季象明显，冬冷夏热的气候。

临夏回居布局是采用三合或四合院布局式，院落方正、宽敞，小青瓦顶。但其布局并不受风水学说及汉族传统的八卦方位的影响。而以本教区内清真寺为中心围绕布置。并且回民素爱清洁，傍水建屋，引水入户，故其街巷并不规整，尚出现许多断头巷。影响到每户宅基朝向不固定，入口方向随意布置。典型的宅院，可分为居住院（前院）、杂用后院及花园等三进院落。但各院的相对位置可灵活掌握，可以按居住、杂用、花园序列前后纵线布置；亦可以中间居住院为主体，左为花园，右为杂用院；亦可将花园、杂用混为一院。居住院为规整的四合院，每面建筑为三间，附设耳房，个别院落亦有设置五间正房者，主人起居、会客皆在此（图2-60～图2-62）。杂用院为厨房、杂用、厕所等，一般布置灵活，并非四合院。花园内栽植藤竹或果树，设置花台，摆设盆花，园内还可建造花厅。因回民喜欢清洁卫生，院内必然设有水井及水房（浴室），作为净身之用。在临夏八坊地区，水源丰富，几乎家家皆引水入宅，增加民居的活跃气氛。单体建筑的进深较浅，采光条件好，邻宅的建筑可以背对背建造。其正房多采用"虎抱头"式，即明间装修退后，形成单间前廊的形式。正房明间为客厅，两次间为卧室，设前檐炕。正房和耳房之间有角门可通，遇有访客便于女眷回避。前檐装修皆为木制。房门多用四扇格扇门，中间两扇对开。窗用上下扇支摘窗，上为悬扇，下为玻璃扇。或部分为固定扇，中间为可上悬的悬扇组成。窗扇上有精美的楞花格。

临夏民居的砖雕亦久负盛名，大门、照壁墙、屋脊、廊心墙、勒脚、墀头等处皆有砖刻雕饰，依据伊斯兰教规定，图案全为植物和几何纹样（图2-63～图2-65）。木雕应用在檐下挂落，檐枋垫板、雀替等处。建筑色彩素雅，木材只刷桐油本色，一般无彩画。建筑用火炕供暖，烧火口在室外。

从甘、宁地区回族民居可以看出民族间建筑文化的交融。采用四合院布局；青瓦顶；木结构抬梁式梁架及装饰；入口不直对院落，而施以曲折掩护等手法等，显然是受到汉民族民居的影响。而居室内设满间大炕，院内设井、水房及住宅与花园相互穿插布置等方面看来，又表现出中亚伊斯兰文化的影响。至于"虎抱头"式的正房形式，丰富的砖雕艺术和木花格艺术等又是回族在长期劳动中在民居建筑方面的新创造。

图2-64 甘肃临夏八坊马宣七东公馆大照壁

宁夏回居 宁夏回族自治区虽有黄河、清水河流经其间，但东南有高山阻隔，地形由南向北倾斜，属温带半荒漠地带，大陆性气候明显，最低气温达－30℃，最高气温达40℃，雨量少，无霜期短，所以对民居的防寒隔热要求高，在地方建筑材料缺乏的情况下，大量利用黄土，因此窑洞及平顶房是主要形制，坡顶瓦房仅用于富户及南部泾源地区。

宁夏回居的平面布局以三合院及四合院为主要形式，院落狭长，类似山西民居，一般正房三间，富户可作成五间，带三间前廊。土坯垒砌外墙，柱梁之上平放木檩，圆椽草泥平顶。有巨大的平挑出檐，或者在檐部出挑垂莲柱，加大出挑距离。

图2-65 甘肃临夏八坊白宅砖雕

甚至在檐口之上另外加盖天棚等等办法，以扩大庭院遮阴面积（图2—66、图2—67）。富户还可用青砖砌外墙及加工砖雕装饰，而且门窗棂格的图案十分丰富，这也是西北回族民居的普遍特点（图2—68、图2—69）。

宁夏民居的另一特点是正房、厢房皆采用两明一暗的分隔。明暗间皆设火炕，这样处理的优点在于可分辈居住，并有较大的起居空间，尤其在漫长的冬季，全家盘坐在明间面积达12平方米的顺山大炕上，温暖明亮，共进饮馔，团聚和谐。故贫苦人民即使仅有两间房，也要做成通间，而不分隔。至于富户五间正房也做成明三暗二，便于使用。宁夏回居的净身之处不单设水房，而往往结合厨房一角设一"渗亭"（渗水井），上悬水缸而已。有的渗亭即设在起居间内。宁夏民居的草泥平屋顶，狭长院落，两明一暗的正房，精美的砖雕等特点，不仅用于回族，当地汉族民居亦雷同。

图2—66 宁夏银川民族南街33号院正房

图2—67 宁夏银川民族南街33号院正房前廊顶棚

图2—68 宁夏吴忠马月坡故居

图2-69 宁夏吴忠董富祥府邸后中院建筑窗棂格

吉林满族民居 满族是中华民族中重要的一个少数民族,清王朝建立以后,八旗子弟遍布全国,与汉族文化的交流过程中,逐渐失去了原来的民族文化特色。但吉林省境内松花江上游一带是后金政权的发祥地,今吉林市乌拉镇是其中心,尚保留有更多的满族民居传统。当然清军官吏入关后,回原籍建宅多受京师建筑的影响,带有北京四合院式建筑风格。另外吉林地区气候寒冷,有五个月的结冰期,最低气温为 - 42℃。且地多人少,在松花江,辉发河流域有哈达岭、老爷岭、冈山等林区,木材资源丰富,马车为当地主要交通工具等因素,当是满族(包括汉族)民居形制的形成的决定条件。

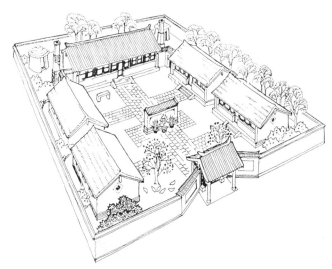

图 2-70 吉林满族民居示意图

满族民居亦为四合院式,其布局特点是用地宽松,正房、厢房之间有一定距离,互不遮挡。一般住宅基地达 1500 平方米(图 2-70)。正房为五间面阔,个别有七间者。厢房为三间或五间,因此内院面积较大。富户的正房前檐设檐廊。外院二侧各有三间厢房,内外院之间隔以腰墙及二门。合院之外围以院墙,院墙与建筑之间留有间距。大门在中轴线上。整体布局的轴线感较强,这种宽松的布局可以获得较好的采光条件,同时马车可以直接赶入院内或绕院行驶。院墙之内,合院以外尚有许多空地,可供杂用、种菜使用。内院大小视业主财力,可采用五正五厢、五正三厢、三正三厢等不同规模。满族民居的大门有采用三间或一间汉族屋宇式大门的形式,但也有采用更具有满族建筑风格骑墙而建的四脚落地大门和木板建造的牌坊式大门。这类木板门在保留了古老的乌头门的形制的基础上,再加上木板制的

2-71 吉林满族民居木板大门

图 2-72 吉林永吉某宅内院

屋顶。大门涂以朱红色油饰，而木板屋顶为黑色，风格简洁古朴（图2-71、图2-72）。

满族民居的居室设计中最大的特点是以西屋为主，称上屋，并绕其南北西三面设火炕（图2-73）。而以西炕最为尊贵，称为万字炕，西炕上安置桌子、茶具等，桌两侧铺红毡为待客之处。紧靠西炕的西山墙上端设置祖宗板。而一般人则坐南北大炕。南炕的炕稍（靠山墙处）一般放一只描金红柜，柜上放一些用具。北炕炕稍放一只与炕同宽的长木箱，称檀箱，内放被褥和枕头。后期改为炕柜，内放日常用品，炕柜之上为四开扇的立柜，称为"被格"，内放被褥。南北炕上尚有小炕桌。冬季时炕上尚放置火盆以烘手足。为了补足上屋炕位的不足，往往向明间扩大半间，称之为借间，因之堂屋的面积很小，形成一个过渡式的空间，真正生活空间为西间，这种布局俗称为"口袋房"。这一点与关内汉族民居以堂屋为要生活空间不同。东间往往作为一般居

图2-73 满族民居室内算子

室及厨房。在堂屋的后半部隔出一个小间，称为倒闸，内亦设小炕，平时可收储衣物，冬季亦可使衣服温暖，便于随时穿用。满族民居的这种布置在清代皇宫的寝殿中也得到反映。正房二侧山墙外分别竖立坐地式烟囱，与山墙有一段距离，并用地下烟道与东西间的火炕相连，烧火口在室内炕头处。

满族民居的外檐装修较简单，一般没有繁杂的雕刻，门为平开单扇门，窗为支摘窗。因东北地区风雪大，故糊窗纸贴在外边，这一点与朝鲜族民居类似。另外还有一个特点，就是在贵族住宅的大门与二门之间的东侧院内立有索罗杆子（神杆），是满族信仰的萨满教举行祭天神仪式时，悬挂祭肉的用具。

满族民居为木构抬梁架，硬山墙，瓦顶或草顶。仅乌拉镇一带有个别民居用悬山顶。我国东北地区冬季寒冷，满族民居与东北其他各族民居一样，把围护结构的防寒及内部取暖问题放在重要地位，除火炕外尚有火盆、火炉、火墙、火地等各种取暖方式。内部设顶棚（吊顶天花），顶棚上铺麦壳，增加室内保暖性能。外墙厚达0.6米，屋顶上的苦背泥亦较厚，有的民居达30～40厘米厚，皆是为了上述目的。

吉林地区的汉族民居与上述亦类似。所不同处有如下数点：（1）大宅的院落增多，有后罩房作为结束；（2）正房中间开门，堂屋后墙上方置祖先牌位；（3）后檐炕或南北炕，而不用万字炕。富户在炕前还设有地罩或炕罩，以强调室内的分隔，罩上悬幔加强保暖；（4）富户的雕饰加多。

青海庄窠　在青海省东部，黄河及湟水流域，是青海省内最低处，称河湟谷地，海拔约2000米左右，这里土地肥沃，气候属高原亚干旱气候，每年有3个月以上无霜期，年降水量是在300～400毫米之间，但风沙较大，是青海省主要农业区。此地区流行一种土墙平顶的四合院式建筑，当地称之为"庄窠"，不仅汉族采用此形式，居住在当地的藏族、回族、土族、撒拉族皆习惯用此式。另外甘肃临夏的东乡族亦住庄窠房。可见这是一种适合当地自然地理条件的民居形式。

它的特点是四合院周围有高厚的夯土墙围护，墙上无窗，高出屋顶50～100厘米。远看像一座夯土堡垒，这样做有利于防止春季风沙及冬季的寒风（图2-74）。正房的朝向一般为南向。

当地土地广阔，黄土是取之不尽的材料。夯土筑墙，可以自己施工。院内建筑皆为黄土铺墁的平顶建筑，微有缓坡，适合当地雨水稀少的特点。庄窠合院多为四合、三合或二面建房，极少一面建房的。每面一组三间建筑，堂屋居中，两边是卧室。为木构架平顶房，一般带有前廊。屋面坡度很小，以防止夏季雨水集中时，屋顶黄土被冲刷走。卧室内有顺山或顺墙的火炕，炕上放衣箱、炕柜、桌子等。青海火炕不设烟囱，在院落两山室外漏角处加火，使用可焖火的燃料，如牛粪、煤等，烟气由加火洞排出。汉回民族家具为木材本色，略施墨线风景，而少数民族家具喜欢用五彩细绘。正房及厢房的开间、柱高等建筑尺寸皆一样，便于施工，只是将正房的台基增高，以突

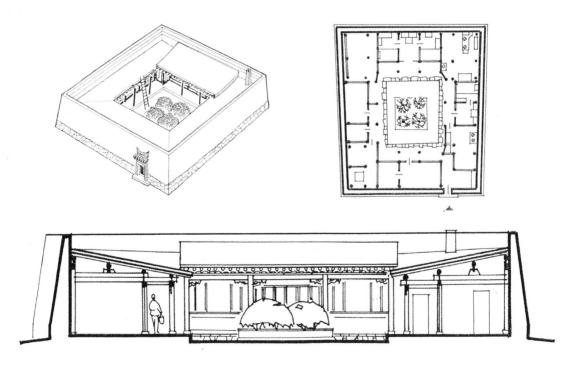

图 2-74 青海庄窠民居示意图

图2-75 青海互助五十乡土观村土族庄窠民居

图2-76 青海互助五十乡土观村土族民居内院

出正房地位。四合院的四个漏角部分，往往加上简单的棚顶，作为畜棚、贮物、火炕加火处或厢房的辅助间。大门开设在东南角，大门一般亦是院内排水暗沟的出水方向。房屋的平顶，还可利用为晒粮食的场所，有的庄窠将正房加高一层，利用为贮粮之所，并可与平顶相接。少数住宅亦有将二三院串联在一起，合成多院庄窠，有的还附有单独的车院、果园等。建筑装饰集中在大门和正房檐下，门窗装修的棂格图案样式也较丰富。窗棂及门框多起线，木柱有的刷土黄、土红色（图2-75～图2-79）。

图2-77 青海互助五十乡土观村土族庄窠民居前檐炕

各族所建的庄窠虽然基本类似，但也有某些差别。例如回族、撒拉族等信仰伊斯兰教的民族正房明间门窗装修凹进2米左右，做成"虎抱头"式凹廊。院内不养牲畜，喜种花植树，有的尚辟有果园，整个院子干净明快。其建筑装饰多在院内木构装修上，在檐口下从枋木上挑出层层木雕，地方俗称"花洞"，多者近11道，一般为二三道，以此表现户主的财力。此外门窗棂格以几何图案

图2-78 青海循化撒拉族民居

图 2-79 青海循化街子乡撒拉族庄窠民居木雕

做底，花鸟浮雕为表，比较复杂。而信仰佛教的藏族庄窠，内部设有佛龛，并喜欢用两层楼的正房，雕饰较少。同为信仰佛教的青海互助县的土族庄窠的正房多为四开间，两层楼有前廊，仅在院内一侧布置厢房，作为厨房及餐室用。院中央有一圆形土墩，或竖立经旗杆（嘛尼旗杆），为祭佛烧香处。院内积水沤肥，饲养家畜，布置零乱。外檐木装修亦有简单的装饰。

白族民居　白族聚居在云南大理地区，西依苍山，东临洱海，终年气候温和，最冷月不过－2℃。

雨大风多，年降水量为1000毫米，而风速达40米／秒，而且地震频繁，因此当地民居在朝向与布局上要考虑避风防震。故内部厦廊宽大，出檐深远，采用硬山山墙，墙顶、檐头，博风并用石板作封护檐。内部有构造精良的木构架，足以抵抗震灾。一般住宅轴线朝东，可避免从苍山直泄而下的西风。

白族有较高的文化，与汉族有着长期的交流，南诏国时期崇圣寺塔（公元824～839年建）的造型，与唐代西安小雁塔有着惊人的相似之处。白族民居亦采用合院式的形式，其典型布局有"三坊一照壁"与"四合五天井"两类,并由此演变出更复杂的大型住宅。所谓"坊"即是一栋三开间两层的房屋。底层三间一明二暗,明间为堂屋,两次间为卧室,明间安设六扇格扇门,次间安设单扇门加格扇窗。前有宽大的厦廊作为日常休息家务及宴客的地方。厦廊宽约1.9米,若加上台明及前出檐,总计前檐遮阴宽度达3.4米。楼层三间敞通,明间供神龛,其余面积为贮藏。面对天井开设格扇窗,古老的房子在楼层外檐尚加设栅窗。

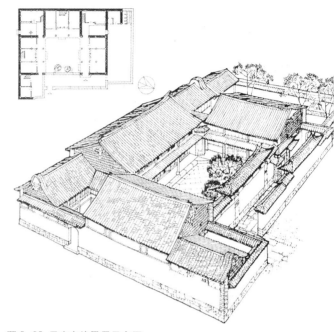

图 2-80 云南白族民居示意图

图 2-81 云南大理白族三坊一照壁式民居

图 2-82 云南大理喜州白族民居严家院

由"坊"围成的一正两厢式三合院,并在面对正房的院墙上建一垛照壁的住宅格局称"三坊一照壁";由四个"坊"围成四合院,并因之形成中央天井及四角天井的称"四合五天井"。"三坊一照壁"为当地应用最多的形制,其优点是视野开阔,在厦廊上操作可见大面积的天空,日照充足,下午日光反射在照壁上,可映照至廊下,同时艺术化的照壁又为庭院增了不少情趣美感(图2-80)。

大理地区西高东低,主导风向亦为西风,故白族民居正房面朝东,大门一般开在东墙北端,从厢房或漏角天井进入宅内。厨房一般设在正房一侧的北耳房内,而上二楼的楼梯设在堂屋的靠后墙,或次间的山墙及漏角天井的耳房内。不论

图 2-83 云南大理白族民居院内照壁

是三坊院或四坊院，二楼皆可互通。房屋构架是采用插梁架（山墙）与抬梁式构架（明间）相结合的构架。梁架的瓜柱用一种带花饰的柁墩代替。为了防风，白族民居多为硬山墙，后檐为封护墙面，并在檐头压砌石板，以防檐口瓦面被风吹掉（图 2-81、图 2-82）。

大理白族民居具有丰富的建筑装饰艺术处理，重点表现在照壁、有厦门楼、墙面贴砖及格扇门窗雕刻上。照壁有独脚照壁与三叠水照壁，壁顶瓦檐高翘，白灰粉饰的壁心中央多配以文字或大理石屏画，壁前置葱绿鲜美的花台盆景，十分清秀幽雅。有厦门楼采用三间牌楼式造型，其中又分出角式与平头式。出角式有尖长高翘的翼角，檐下斗栱繁密，并有大理石板嵌贴，十分华

丽，成为街巷中重要的街景点缀，多为官吏、地主、富商宅院使用。这点与汉族将砖雕牌楼式石库门向内院展示的向心型装饰心理完全异趣。在农村平民家庭多用平头式，出檐短，无斗栱，仅用叠涩砖装饰。而近代以来受西方影响，亦出现了一种无厦门楼，即用装饰性的门柱墩及上面的三角形山面组合而成，手法有多种变化。

大理民居的外墙为土坯墙，仅住角部有砖柱。为保护土坯墙免受雨淋，采用抹白灰的手法，而富户人家则以片砖贴面。约在清中叶以后，贴砖艺术有了显著变化，拼贴在山墙或墙腰上的各式图案，显露出极富于装饰效果的建筑外观，青灰色的砖，白色的勾缝，编织出类似锦纹印花的效果。大理北部的剑川为我国重要木雕盛行区，技

图 2-84 云南大理周城段树侯宅彩雕隔扇

图 2-85 云南大理喜州白族民居严家院

图 2-86 云南大理白族民居檐下廊心墙

图 2-87 云南大理喜州白族民居山墙装饰

艺精湛。这种技巧也广泛应用在隔扇门的裙板及隔心雕刻中。剑川木匠雕刻的隔扇门窗很早即作为商品卖到大理及丽江，装饰着千家万户。由于大理地区气候温和，大部分时间的房间门窗开启着。室内光线充沛，故棂格的采光要求降低，而向纯装饰性的手法发展。有些隔扇门心改为自然花鸟山水的透雕，高手匠人可以在隔扇心重叠透雕出五层不同的花纹图案，有巧夺天工之妙（图2-83 ～图 2-87）。

丽江纳西族民居　丽江地区为纳西族主要聚居地，地处玉龙雪山脚下，溪流横贯，年降水量为800～1200毫米，7月平均温度为17.9℃，冬季1月为5.8℃，气候温湿，终年无雪。纳西族信仰东巴教，崇拜自然山水风雨之神灵。该教无寺庙，没有组织，没有系统的教义，仅由巫师东巴在需要的时候举行仪式，祝神驱邪。因此这种宗教对民居建筑没有什么具体影响。明清时期，纳西族在经济及文化方面有了长足的进步，明代封木氏为世袭土司，治理丽江。人民从木楞房搬出开始居住瓦房。清初发展为砖木结构的瓦房，他们吸取邻近白族的三坊一照壁的形制及藏族的上下带前廊的楼房（当地称为蛮楼）形制，创造了具有本民族特色的民居（图2-88）。

丽江民居基本上为三坊一照壁体系，正房厢房皆为两层楼。正房下层为堂屋及卧室，上层为贮存，两厢房作为厨房、畜圈及一部分卧室，厢房楼上为闷顶楼，贮有饲料，因此正房明显比厢

图2-88 云南丽江大研镇纳西族民居鸟瞰

图2-89 云南丽江纳西族民居

图2-90 云南丽江纳西族民居

房要高。每一坊房皆有厦廊，作为日常活动的半室外空间，与白族民居相似（图2-89、图2-90）。而照壁比大理民居显得矮小，所以丽江民居的空间轮廓呈高低错落之致，住宅中的主次关系处理得当。纳西族匠人设计的三坊一照壁十分灵活，不拘泥于现有规制，各坊的位置关系依照定例，但住宅朝向、各坊距离、开间大小、耳房的设置、大门开设的位置、花园及花厅的安排，皆可灵活变化。特别值得注意的是丽江古城内的玉河，该河进入城内分三道流经城内各区，沿河设巷，各户引水入宅，故各宅朝向各异，用地形状亦斜正不一（图2-91、图2-92）。因此虽然丽江民居

修。丽江民居的山墙及前后檐墙，很少全部用砌体的，选用材料多样化。下部为毛石墙，中部为土坯墙抹面，而上部多暴露出木结构或木装修，并配合以各类花窗，显现出淳朴自然的结构之美。其墙体多有收分，出檐大，屋顶多用悬山顶，正脊西端有起山，封山有清秀的博风板，颀长的木悬鱼，在外部造型中保存了许多古代格调（图2-93、图2-94）。

伊宁维吾尔族民居　北疆伊宁地区古称伊犁，伊犁河流贯全区。此地夏季温热，最高气温达40℃，但冬季寒冷，北冰洋水气寒流顺伊犁河

图2-91　云南丽江水巷

图2-92　云南丽江纳西族民居

的建筑装饰不多，但其空间构图远较大理白族民居要丰富有情。

纳西族民居也是插梁架与抬梁架相结合的木构架，而且形制多样。依据厦廊空间的布置，基本上可分为明楼、蛮楼、闷楼三种，各种构架又可加添廊厦。同时每榀厦架的楼上后檐（有时也包括前檐）设有出挑的吊柱，形成变化的后檐装

谷直下，多雨雪，无霜期仅150天，冬夏温差大，春秋短暂，故防寒是民居建筑的首要问题。该地区地面水资源丰富，水渠纵横，居民点及街道，皆沿河布置。伊宁是民族混居地区，居民主要有维吾尔族、哈萨克族、乌孜别克族以及汉、回、蒙古、锡伯、柯尔克孜、俄罗斯等10余个民族。其中除汉、蒙、锡伯、俄罗斯族信仰汉传佛教、

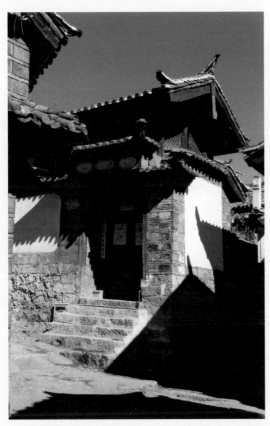

图 2-93 云南丽江某宅门楼

图 2-94 云南丽江纳西族民居

图2-95 新疆伊宁维吾尔族民居

藏传佛教、萨满教、东正教以外，大部分民族信仰伊斯兰教。

蒙古族、哈萨克族以牧业为主，居住毡包，过着逐水草而移居的生活。而混居在城镇的各族居民，由于长期融合，其民居形制存在相互影响的因素。而且受寒冷气候的制约，民族习惯亦有所改变。概括地讲伊宁民居可分为两类基本形制，一为维吾尔族式，一为俄罗斯式。

伊宁维吾尔族民居为砖木结构或土木结构的平顶房屋，平面呈一字式或曲尺式。居室朝向为南向。典型平面是一明两暗三间居室，两侧再加上一间储藏，一间厨廊（夏日在此做饭，就餐），一共五间带外廊式的一字平面。若再增加一两间卧室及储藏，即成曲尺形。明间为过渡性空间，作一般接待用。西套间一般较大，为主卧室兼会客室，有火炕，墙上有壁毯、画幛，炕上被褥鲜艳，纱巾蒙盖，窗帘考究，鲜花陈设，气氛十分温馨热烈。东套间为子女卧室，有的内设灶台，为冬

图2-96 新疆伊宁果园巷四巷八号维吾尔族民居

图2-97 新疆伊宁果园巷四巷八号维吾尔族民居

图2-98 新疆伊宁阿依敦街维吾尔族民居大门

璃窗,外为板窗,窗框周边有护窗板,上部有窗眉,板窗、护窗板及窗眉皆有线脚并做出各种雕饰,明显带有中亚地区的影响。当地居民生活习惯改为蹲坐,故居室中布置了桌、椅、柜、厨等地面家具,与炕上用具共同装饰室内空间(图2-98、图2-99)。

若将伊宁维吾尔族民居与南疆维吾尔族民居对比,亦可发现因气候的变化而引发的异同之处。在平面布局,带有夏日活动的前廊,平顶屋面,木柱柱饰、托木、檐口设计,院内有葡萄架等方面仍继承了南疆民居风格。但因冬日寒冷,伊犁民居增加了部分半地下室;主要居室内有火炕,改变了席地而坐的习惯,近年更增加了蹲坐的家具,土坯外墙加厚以御寒,前廊(夏室)改为木地板,并设有木床作为活动场地,尤其是门窗口外套受俄罗斯的影响多设计为三角形山花楣子等。当地信仰伊斯兰教的乌孜别克、塔吉克等民族的民居与维吾尔族类似。

日炊作之处。伊宁民居皆有院墙包围的宽大的庭院,设于居室之南。院内种植果树、花卉,并有部分菜地,并引入渠水流灌其间。在居室之前尚留一块铺装过的室外活动空间,有葡萄架遮阴,是夏日家务活动场地(图2-95~图2-97)。

伊宁维吾尔族民居建筑装修特色,表现在院门、廊柱、门窗套等方面,院门多为墙垛式平顶门套,墙垛及门顶以砖叠砌磨制出各种花饰来。门垛内侧尚砌出一方砖台,供人靠坐。廊柱雕刻装饰与南疆的式样类似。窗户多用双层,内为玻

图2-99 新疆伊宁果园街7号维吾尔族民居室内

图 2-100 新疆塔城商业街 138 号塔塔尔族民居

图 2-101 伊宁一区新城街 20 号门罩

俄罗斯形式的民居采用宽进深、南北套房的形制。此式多设有中央斗室,从斗室分向各套间开门。较大型的民居则设中央走道,分向各套间。室内取暖用固定式大铁炉,有的铁炉砌于间隔墙内可兼顾两相邻的房间。其结构为砖墙承重或砖柱,土坯砖填心,墙厚 0.8 ~ 1.0 米。三角形木

屋架,屋顶为四坡顶铁皮屋面,四周为封护檐口。室内有吊顶天花。进门处有门廊或门罩(图 2-100、图 2-101),有廊柱式或垂花式,坡顶山花向外。多临街开门,对街景构成有趣的点缀。这类建筑的厨房多建在院内。室内为木地板,踞坐的家具。使用这类民居的除俄罗斯族以外,部分乌孜别克族及哈萨克族民居亦采用。

二、天 井 式

它的形制特征是组成方形院落的各幢住房相互联属,屋面搭接,紧紧包围着中间的小院落。因院落小与房屋檐高相对比,类似井口,故又称之为天井。天井内一般皆有地面铺装及排水渠道。每幢住屋皆有前廊或宽大的前檐,雨天可串通行走。同时一部分住屋(主要是正厅部分及门厅)做成敞口厅或敞廊等半室外空间形式,与天井共同作为生活使用空间。天井式住屋在湿热的夏季可以产生阴凉的对流风,改善小气候。同时有较多的室内、半室外空间,安排各项生活及生产活动,而不受雨季的影响。所以敞厅与天井是这类民居的共有特色。据某些实例分析,在天井式民居总面积中,天井面积仅占 1/12,说明天井最重要的作用是通风与采光,而不在于其活动面积的多寡。此式虽然室内采光条件稍差,但在多阴雨的地区,这个缺点并不显得突出。很多地区将住房建为两层,楼下作为厅堂,楼上作为居室,可获得干爽的居住条件。在某些人多地少的建筑密集区,为防止火灾的蔓延,其硬山墙多作成具有各式美丽墙顶的封火山墙。总之,这类民居布局呈现出灵活的状态。

天井式民居多流行于中国长江以南的地区，包括江苏、安徽、浙江、江西、湖南、广东、福建、云贵、台湾等省区，此区内冬夏气温差异不明显，年平均气温在 16℃ 以上，无供暖问题，而雨量充沛，年降雨量皆在 1200 毫米以上，是属于湿热地区。

属于天井式的民居形制有：苏州民居、浙江东阳民居、皖南徽州民居、湘西民居、福州民居、川中民居、广州民居、云南"一颗印"民居（汉、彝）、南疆"阿以旺"民居等。南疆"阿以旺"民居的夏室即相当于天井式民居的敞厅，因此将其列入此类中。

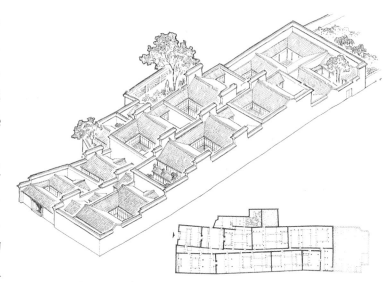

图 2-102 苏州民居示意图

苏州民居　苏州民居可以作为江南一带民居的代表。苏州地处江南，太湖之滨，水网地区，土地肥沃，物产丰富，自古以来为鱼米之乡，是明清以来经济文化发达的地区，同时也是人口高密度地区。当地气候温和，无严寒酷暑，雨量充沛，年降雨量在 1000 毫米以上，夏季主要风向为东南。而且附近出产优良石材及黏土砖，这些都为苏州民居风格的形成产生影响。清代以来，退休官僚、富商定居苏州者较多，造就了不少精美的宅第，有的还把园林、家祠连建在一起。

苏州典型的大宅院是由数进院子组成中轴对称式的狭长布局，可由前巷直抵后巷，坐北朝南，依次布置门厅、轿厅、大厅、女厅（图 2-102）。大门开在中间，一般面阔三间。在巷子南边对着大门建造外影壁，有一字形、八字形、Ⅱ形等不同形式，以阻隔内外的视线。进入大门后为轿厅，亦为三间，为富户人家停车轿之处。建筑开敞，无门窗装修，一般账房、家塾亦放在轿厅附近。再一进为大厅，一般三间或五间，进深较大，五间者往往因天井横长，而在两侧稍间处增设漏花墙，将天井隔开为三个小院。大厅的装修陈设考究，为日常待客、宴会、家族团聚、进行喜庆大典之处。前廊做有各种形式的轩顶，形制秀美而

图 2-103 江苏常熟翁同龢故居大厅

图 2-104 江苏苏州网师园大厅

富于变化（图 2-103 ～图 2-105）。厅内梁架亦设有草架，形成复水重椽式的顶棚。大厅与轿厅间隔墙处，装饰有砖刻门楼，在清中叶以后，砖雕之风盛行，在砖门楼的上下枋和"兜肚"之内刻满人物、花鸟等各种题材的雕饰，是主人炫耀财富的部位。门楼额枋上有题字匾，多为"清芬奕叶"、"日振家声"等颂扬文字（图 2-106、图 2-107）。富贵人家在大厅天井中尚建有戏台。再后一进为女厅，亦称"上房"。这是一幢二层楼的楼厅，一般五开间带二翼，成为Ⅱ字形。女厅

图 2-105 浙江杭州胡雪岩故居走马廊

图 2-106 江苏苏州网师园砖门楼

图2-107 江苏苏州木渎镇冯桂芬故居砖门楼（明代）

前后皆有天井，女厅下层中间为堂屋，为日常起居之处，左右间及楼上各间为卧室，楼梯在堂屋后屏门内。女厅亦可设一进或两进三进，视财力及家庭人口组成情况而定。女厅区的平面布局变化较大，早期多为一厅一砖门楼，以后又产生出H字形、日字形等式，并且围绕女厅及天井建立高大的封火墙，独立成为一个禁区。

纵长的苏州住宅各厅间的交通是依靠建筑在山墙外的避弄（夹道）来联系，避弄加盖小屋顶以防雨，有门与各进厅堂的前廊或居室相通。避弄狭窄幽深，小者仅通一人，宽者约可通轿。采光是靠避弄间留出的小天井或避弄屋顶上的天窗、亮瓦来获得。特大型的住宅可以拥有二条或三条纵轴线组成的住宅，亦可在宅后或侧轴建造模拟自然山水之趣的宅园，点缀湖石、花榭、亭阁、廊桥等，造型立意，点景生情。并在其中营构花厅、客房、书房等生活用房。至今保留下来的苏州宅园仍为全国最优秀的园林实例，并评为世界文化遗产项目（图2-108、图2-109）。

苏州地区地少人多，地价昂贵，建筑密度很

图 2-108 江苏苏州拙政园内小飞虹

图 2-109 江苏苏州网师园内小院

图 2-110 江苏苏州网师园正厅装修

图 2-111 江苏苏州拙政园落地长窗

图 2-112 江苏苏州网师园花窗

图 2-113 江苏苏州拙政园留听阁花罩

高，因此住宅的屋面排水处理皆为内排水，不管是二面房屋，或是四面房屋，雨水皆排向天井，由天井暗沟排至小巷或河浜。天井地面皆由砖石经过精细铺装，这种"四水归堂"式的建筑平面处理是江浙、皖南一带通行的原则。江南地区建筑密集，失火以后易于延烧成片，故大部分民居采用硬山式山墙，并砌有高耸的马头墙，产生出多种有趣的形式，如五花墙、观音兜等。

苏州天井比例横长，与建筑檐高或围墙顶高相比，更觉窄小如井，这种处理，可以避免夏日阳光的照射，以及湿热的季节风。天井终日多处于阴影之中，可获得经常不断的凉爽的对流风。加之围墙高耸，厅内为重椽吊顶，更觉阴凉宜人。天井围墙皆为白灰刷饰，反射出的漫射光，可增加厅内照度。建筑色彩以淡雅为基调，白墙灰瓦，木构架不施彩绘，仅涂栗褐色油饰。外部门、窗用褐黑色油饰，配以鲜丽的植物，显现出一种雅素明净的风格。

苏州民居各厅堂屋装修皆为可拆卸的落地长

窗，平时可长开不闭，厅井相通，互为因借。遇有节日，卸掉长窗，厅井连为一片，室内外交融，这正是江南地区温湿冬寒气候所适用的内檐装修形式（图 2-110 ～ 图 2-114）。苏州民居的木结构体系基本上是抬梁结构，多为五架梁或加前后廊步，仅在山墙屋架加用中柱成为插梁式。或柱柱落地的穿斗式结构，从构架上也可看出南北交融的迹象。苏州民居内檐多作复水重椽式的假屋面，实际为局部天花吊顶，不但有装饰作用，也

图 2-114 江苏苏州同里某宅金线漆画屏门

图 2—115 江苏昆山周庄水巷

有隔热保温之效。最有装饰意义的是前檐廊天花的轩顶,以各式椽条形成的内天花十分美丽。

苏州民居也满足了封建宗法家庭的生活要求,前堂后寝,层层门楼,内外有序,仆人等走避弄,家眷居女厅,区分出上下之别。门墙高耸,表现出封建家庭的封闭性。同时宅园、花厅以及陈设、楹联,又满足了封建文化的生活情趣的需要。

苏州地区河网密布,水巷亦是城市交通的主要渠道,大户住宅往往前街后河,一切用物皆可由水巷运来,由后门提入。平时在后门水巷设有私用码头,可以洗濯、排水等,以及起到消防之功用。有些小户住宅则临河建宅,可以有靠水、跨水、面水等不同布置。这种小宅的平面多为一堂二厢，前有小天井，后部靠水建码头，或挑出蹬石，可下至水面，洗菜、淘米、登舟乘渡，厨房设在后部。此类小宅亦可建为二层，上为居室，还可将底层出挑，古人云"人家尽枕河"、"楼台俯舟楫"即是此状。这类民居为活跃苏州的城市面貌增色不少（图 2-115 ～图 2-117）。

苏州民居有着悠久的历史，有着传统的施工技术，近郊香山一带是祖传世袭的建筑工匠之乡，因此在太湖流域地区，苏州营造技艺流布甚广。实际上无锡、常州、扬州、南京、湖州、杭州、上海无不受其影响。其上各地民居与苏州民居大同小异，可属同一类型。

图 2-116 江苏吴江同里镇水巷

东阳民居　浙江省东阳市亦是浙东的经济发达地区。本地区的木雕技艺十分精湛，历久不衰，不但生产各种屏风、小器作物，而且在住宅、梁架、装修上广泛使用，雕工精细，花样繁多。同时东阳市亦是瓦木工的集居地，其工艺技术影响到金华、义乌、永康、武义等金华江流域。有的学者认为安徽徽州民居亦受到东阳民居的影响。有些住宅是由劳动者自己修建的，表现出高度的智慧和技艺。东阳地区文风甚盛，宗族观念极强，一村一镇往往为一姓所居，以宅命名，如卢宅村、李宅村等。这些村镇内连房并脊的大宅院很多，而且与祠堂、牌楼、台门组合修建在一起。东阳地区夏季较热，故房屋出檐深，进深大，大厅为敞口厅，设小天井及暗楼层等项措施，都是为解决通风、隔热、纳凉的要求而设计的（图 2-118）。

东阳一般农民住宅多为三开间或五开间两层楼房，中心对称，左右均齐，院子内再附建厨、

图 2-117 浙江嘉兴乌镇民居

①

厕、储藏等附属平房，组成庭院，特点不太突出。东阳民居中最具特色的是一种标准平面的住宅，即是以正房三间，两厢夹持各五间，组成三合院平面的基本住宅单元，当地人称为"十三间头"，又称"三间两插式"。当然小型的住宅也采用"九间头"，即正房三间，两厢夹持各三间。或"七间头"即正房三间，两厢夹持各二间。"十三间头"式房屋可以前后串联数进院落，也可以并联两座"十三间头"，成为更大型的住宅，组成十分灵活。例如水阁庄叶宅、白坦乡务本堂、卢宅村卢宅等皆是典型"十三间头"式住宅。正房与厢房之间可以留出小天井，亦可联通建造，正房、厢房的前檐皆设有前廊，雨天可串通行走。但正房、厢房的山墙皆为封火山墙，彼此隔绝，形成

图2-118 浙江东阳民居示意图 (1) (2)

②

纵横交错的各式马头墙的组合体，为东阳民居一大特色。十三间头式民居的正厅轩敞，天井院较大，四周有明沟排水。大门设在中轴线上，而且宅门上皆有文字标题，如"鸣谦贞吉"、"扬芳飞文"等，具有一定的建筑气势（图2-119～图2-121）。有的十三间头可以做成两层楼，正房底层大厅为

图 2-119 浙江东阳卢宅村卢宅入口牌坊

图 2-120 浙江东阳卢宅过厅院

图 2-121 浙江东阳卢宅二门

图 2-122 浙江东阳卢宅肃雍堂

图 2-123 浙江东阳卢宅过厅

待客、祭祖之处，楼上为卧室，厢房底层为卧室，楼上储存（图 2-122、图 2-123）。多进式住宅则按尊卑、长幼安排居室。东阳地区大型厅堂采用插梁木结构，每榀屋架有两柱或四柱落地。大梁为矩形断面的月梁，尺寸巨大，梁上穿插的枋木亦雕成卷曲状，形同云卷，布满雕饰。东阳民居的木构架是最雄大华丽的作品，但有失于用料过巨，装饰过繁。

东阳民居木雕的运用是极突出的特色，多用于主要立面的易见之处，例如柱头与挑梁之间的撑木，多雕成回纹、花草、狮象、人物等形状。正房格扇门窗榄格雕有粗细套叠的乱纹，裙板部位雕有仕女、花草、博古。正房前廊轩顶亦雕刻各种花饰或预制成装饰小件贴络在木板上。这些装饰表现出十分精湛的雕刻技艺，但整体效果往往显得过于琐碎，臃肿，损害了其美学上的价值。东阳木雕所用的材质为樟木，表面不施油彩，清水交活，真实地表现出精湛的刀法刻工（图 2-124 ～图 2-128）。

图 2-124 浙江东阳卢宅木雕窗扇

图 2-125 浙江东阳卢宅正厅梁架

图 2-126
浙江东阳卢宅正厅梁架雕刻

图 2-127
浙江东阳卢宅正厅梁架木雕

图 2-128
浙江东阳卢宅正厅梁架牛腿木雕

东阳民居内部庭院大，两厢拉开距离，围墙矮，门头、窗框花饰较多，其外观较一般天井式民居要舒展通畅。

"十三间头"式的民居是东阳地区习用的典型形式，类似这种三合院形式在浙东一带应用颇广，但变化各不相同。在黄岩、温岭一带，习用的三合院是两层楼房，正房三间，厢房三间，正房两侧各有两间，这两间可与正房方向一致，亦可与厢房一致，厢房与正房之间加一弄间解决交通问题。正厢房屋顶相连，正房屋顶为悬山式，厢房屋顶为歇山顶，插梁式木构架外露，当地人俗称为"五凤楼"。在浙江丽水、云和一带居住的畲族，其民居亦为三合院式，正房三间或五间，但进深很深，可以破成前后两间，成为一堂两卧或一堂四卧，正房前有廊，前出两厢，构成天井院。正面入口。四周的砖墙不开窗。而在宁波、绍兴一带亦是这种三合院式民居，正房五间，中夹两个弄间解决交通，左右各有三间厢房，当地称"明轩"，总括这种三合院称"五间两弄带明轩"式。当然在一些小型住宅也有建成一字式的或曲尺式的，其组合原理相同。在宁波、镇海一带民居亦有在此基础上，在正房后两侧各加一间厢房，形成带后院的 H 式平面。

图 2-129 安徽歙县棠樾村牌坊群

图 2-130 江西婺源晓起村

图 2-131 安徽黟县宏村月湖

徽州民居　安徽长江以南的屯溪专区，即明清时代的徽州地区。包括绩溪、歙县、屯溪、休宁、黟县、祁门、太平等县市是古代著名的经济发达地区。明清以来，该地区富商云集，主要经营盐、典、茶、米、木各业，贸易范围遍及全国。殷实的徽商多在自己的家乡兴建奢华的住宅，以炫耀乡里，至今尚遗留大量的明清民宅。其中清宅更居大多数，仅黟县宏村一地，即有清代民居137幢。此外歙县唐模、潜口、棠樾、许村、西溪南、呈坎、黟县的西递、南屏、宏村、太平县陈村等乡亦遗有很多。徽州地区的村镇重视家族的传承，多建有祠堂，及表彰功名善行的牌坊。并且环境幽美，引水入村，重点装饰水口之处，形成一幅幅水景图画，从环境角度评价徽州乡村，应为上乘之作（图2-129～图2-133）。

　　徽州民居以平面规整的三合院为基本规式，即正房为三间两层楼式形制，其左右设有厢房，亦有不设厢房的，四周围以高墙，正房前形成扁长的天井（图2-134）。正房下层堂屋为敞厅式，

图 2-132 安徽黟县西递村胡文光牌坊

图 2-133 安徽歙县唐模乡村口

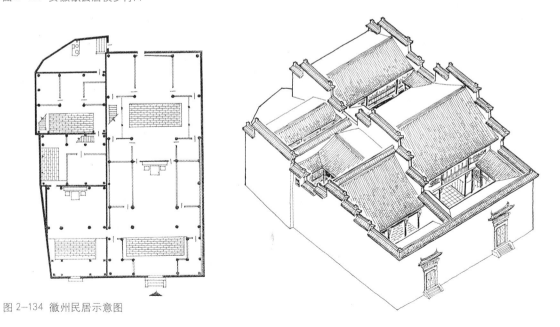

图 2-134 徽州民居示意图

图 2-135 安徽黟县宏村承志堂正房

图 2-136 安徽屯溪程氏三宅正厅

图 2-137 安徽歙县潜口乡民居小院

图 2-138 安徽黟县西递村民居小院

作为日常起居之所，左右间为卧房，上层当心间作为祖堂奉祖先牌位，岁日祭祀；两侧厢房较为狭窄，作为贮藏或交通之用；楼上各间房屋可以串通，大门开设在住宅正中。清代民居中多在堂屋屏门之后架设楼梯。稍大型的住宅亦可做成四合院，即由"上下堂"两座房屋及左右厢房构成围合院落。下堂为单层，进深浅，明间为门屋，两侧室为杂屋及储藏，门屋中间尚须加设一座屏门，以防外人望穿院内。再大型的住宅可由两座三合院相背而建，前后各有一天井，两厅合一厅。

图 2-139 安徽黟县宏村某宅砖雕门楼

图 2-140 安徽歙县潜口乡民居木雕装修

图 2-141 安徽歙县棠樾村祠堂砖雕

最大型的住宅即由上、中、下三堂构成的日字形布局。有些多进多列的大型住宅在纵列之间，设有火巷，作为前后通道，兼有防火之效用。徽州民居中仅有少量的大户或文化气息较浓的住家，附建有花园，大部分人家是在天井院中精心策划布置奇石、珍木、引水入院、石缸养鱼、盆栽花卉，在紧凑狭小的空间中，勾画出使人怡情丘壑、梦绕自然的艺术空间（图 2-135～图 2-138）。

徽州地区人多地少，土地宝贵，故民居主体建筑一般为三开间两层楼，因此天井院较为狭小，院窄楼高，全部房间的采光皆靠天井的间接光线，因此房间光线阴暗。许多住宅下层堂屋皆不做装修，成为敞厅，与天井共同成为日常起居生活空间。大部分二层楼皆有出挑，屋檐出挑亦较长，有利于解决防雨问题。有的还在檐下设集水槽，通过水落管排除屋面雨水。天井院及台阶皆用石铺装，并沿院周设一圈排水沟，都是为了防雨排水考虑的措施。住宅四周以高大的封火墙和围墙所包围，不开窗，较为封闭。重点装饰集中在墙门及墙头上，墙门上方多贴饰垂花门式砖门罩。封火山墙做成各式马头墙、弓形墙、云形墙等。入清以来，徽州民居的木装修亦有丰富的变化，特别是楼层栏杆、栏板及格扇窗格，由简素的柳条式向各种繁杂的图案形式转化，锦纹、棂花是常用的图案。内部结构为插梁式构架与抬梁式混合使用，用料较一般南方建筑为粗大，而且进行一定的雕饰。尤其是敞口厅前檐的额枋，不但用料粗大，而且是装饰的重点。木材表面罩以清油，不施彩绘，仅重要厅堂或宗祠一类建筑上绘制包袱式彩画，如徽县呈坎乡的罗东舒祠（图 2-139～图 2-142）。

图 2-142 安徽歙县呈坎罗东舒祠明代彩画

徽州民居的空间组合规整，既适合当地气候，又比较节省用地，同时也满足了家族的私密性要求。在外观上注意形体轮廓及马头墙的运用，用色十分淡雅清新。内部装饰玲珑华贵，做工精巧，并十分重视庭院绿化及小空间的处理，这些都构成了徽州民居的显明特色。徽州民居影响所及达于江西景德镇、婺源等地。

温州民居 在温州、青田、永嘉、泰顺一带民居多采用Π字形平面，主体房屋为单层或两层，三间至五间，甚至七间至九间，前面为檐廊。明间为堂屋，房屋较宽大。次稍间为卧室。因进深大，故多辟为前后间。两侧屋为储藏或生活辅助用屋。若主侧房屋皆为两层的，则二楼设走马廊互通，楼梯设在转角处。楼层及山面间多设腰檐或披檐以防雨水冲刷，增加了形体的变化。院落前面建造院墙封护，中间设户门，是完全对称的布局。这样的民居其院落亦十分宽大，为大家庭使用（图 2-143～图 2-148）。而一般小户人家的住宅仅为三间主屋，在主屋两山外侧各加一个披屋，形成小工字平面，披屋可作厨房、用餐及贮藏、畜舍之用。这种处理使两山披屋屋面遮挡

图 2-143 浙江永嘉芙蓉村民居

图 2-144 浙江永嘉林坑村民居

图 2-145 浙江永嘉芙蓉村村中池塘

图 2-146 浙江永嘉芙蓉村芙蓉池

图 2-147 浙江永嘉林坑村民居

图 2-148 浙江永嘉上岩头村民居

图 2-149 浙江温州宋式房子示意图

图 2-150 浙江永嘉苍坡村民居

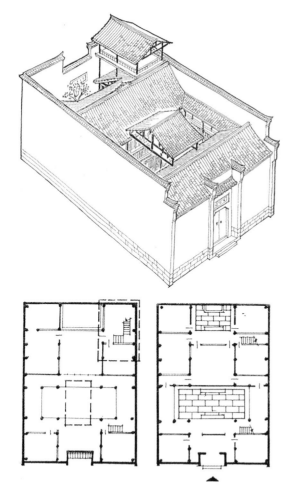

图 2-151 湘西民居示意图

了山面的大部分的暴露墙面，只露出一小部分山尖。同时温州地区多台风，采用主体楼房两侧加披屋的木构架，可以加强建筑物的抗风能力，在使用上亦十分合理。这类民居往往尚保留不少古老的构造手法，如主体房屋的两山升起，屋脊高翘，前后檐柱用梭柱、月梁和斗，当地人称之为"宋式房子"，表现出一种古朴雅致的传统风格（图 2-149、图 2-150）。

湘西民居 湘西地区位于沅江上游，武陵山地，境内多山、多水，一月平均气温为 4 ～ 5℃，七月平均气温为 26 ～ 28℃，可称之为夏无酷暑，冬无严寒的气候，且多雨、潮湿，年降水量在 1200 ～ 1400 毫米。西部山区盛产杉木，这些都对地区民居形制的形成产生影响。

湘西地区为苗族、土家族及汉族杂居地区，苗族有 57 万人，多居于花垣、凤凰两县，吉首、古丈次之。土家族有 67 万人，聚居在永顺、龙山、保靖等县。另外区内汉族约占半数。长期以来，苗、土、汉族的民居建筑形式相互融合，形成地区特色。

湘西城镇内建造的多为庭院式民居，三合院、四合院皆有，采用两层楼，二层楼间有一圈跑马廊。天井院狭小，屋檐向天井院内排水。外圈包以高过屋脊的封火墙，十分封闭，远望如一颗官印，又称印子房。大门开设在中间。一般正房多为三开间，门房倒座亦为三开间，厢房一间二间皆可，进深极浅，有的就做成二层楼廊。个别住宅的屋顶上搭建一凉楼，夏季可乘凉、晒衣、观望。更大型住宅在四合水式

图 2—152 湖南凤凰陈宅入口

图 2—153 湖南凤凰沈从文故居正房庭院

图 2—154 湖南凤凰陈宅正厅

的院子中央增加一亭式建筑，以联系前后，相当一座过廊，几乎将天井盖满，室内光线更为幽暗。多进四合水式住宅尚可出现三进二亭、四进三亭等大型民居，这是湘西所特有的形式。湘西民居大部分为穿斗式排扇架构成的结构体系。排扇组成十分多样，反映了工匠在结构上的创意。外檐装修中采用了格扇门、格扇窗，与汉族建筑类似，但在外檐板壁上大量应用花格窗，多为正方形外框，有对称式的几何纹、万字、葵花、夔龙纹等，总之城镇的民居受汉族民居的影响甚大（图2-151～图2-154）。

湘西地区多属山区，地形起伏不平，为争取空间，减少土方，工程多用吊脚楼方式在河边、坡地建房。曲折狭小的石板路，细直的吊脚柱以及白墙、灰瓦，组成湘西民居村寨特有的风情。湘西民居外观十分注意门口的装饰处理，在建筑造型上尚保留"侧脚"、"反宇"、正脊两端翘起等古老的做法，增添了不少古朴柔美的特色。

川中民居　川中民居是指以成都为中心的四川盆地的岷江、沱江流域，该地区河流纵横，土地肥沃，史称天府之国。历代为经济政治文化中心。人文荟萃，地美物丰，民居建筑亦达到较高的质量。四川盆地雨量多日照少，属亚热带湿润气候；夏季闷热，最热日的平均湿度达84%，所以遮阴、隔热、通风是川中民居首要问题。因此川中民居皆有大出檐或宽前廊，院落横长，但较南方民居宽敞，有敞厅或开敞的堂屋。川中民居平面布局亦为庭院式布局，较常用的是双堂制或

三堂制，称下房、正房、上房，三间五间皆有。两侧为厢房，面阔三间或二间不等，亦有不设厢房仅设偏廊的。下房进深较浅，中间开设门屋，为前檐短后檐长的形制，类似北京的垂花门，称为"龙门"或"朝门"，形式变化很多，是川中民居的一大特色。门屋两侧的倒座房作杂物用。正房五间，中为堂屋，供祭祖、待宾客、家庭活动之处。可做敞口厅式，亦可突出一部分加简单装修，稍事阻隔，家人可由两侧出入。堂屋之后有的添建抱厦，或做敞廊以为退路。正房两侧次稍间用作卧室。最后一进上房多用作卧房，出檐亦深，或在前檐做成柱廊。中间天井院较扁长，是四川民居的特点，院中心铺设甬路，地边尚有余地栽植花木，与北方民居有类似之处。假如为多进院落，中间尚可隔以客厅、敞厅等，或者以木屏门花罩等（图2-155～图2-158）。一般厨、厕、贮存、杂务等集中在后院，单独处理。大户住宅尚在一侧设置花园。清初由于战乱的影响，四川地区人口锐减，康熙年间从湖广、陕西等地

图2-155 四川自贡民居

图2-156 四川潼南双江镇杨闇公故居

大量移民入川，也造成了四川民居形制上的兼容性，南北方的特色皆有。

四川的天气以阴雨天气较多，全年日照时数不足 1200 小时，仅为北方地区的 1/3，又加之多为丘陵地带。故民居的朝向没有严格的要求，比较自由，布局的轴线性质亦较通变。

在农村大宅尚在住宅两侧，再加一排或二排纵向房屋，称为围房，即粤东地区的横屋，闽南的从厝，显然是受闽粤移民的影响。围房与厢房之间留出狭长的天井，围房多作为佃农、雇工居住，和农作物加工的磨房、碾房等，有门单独出入。厢房、围房的山墙皆朝向前街，与大门组合成一幅高低变化的构图。

川中民居的结构体系为穿斗式的木结构，仅在敞口大厅中部分梁架采用抬梁式构架（图2-159）。外墙为木板墙或编竹夹泥白粉墙。为了保证大出檐，在前檐柱加设弯曲向上的挑栱，有软挑、硬挑之分，最多可挑出三跳。有的在挑栱下加斜撑木，以加强承重力量。屋面为小青瓦，

图 2-158　四川乐山沙湾郭沫若故居第二进院

图 2-157　四川潼南双江镇杨闇公故居内景

图 2-159　四川广安协兴镇邓小平旧居

图 2-160 四川大邑刘文彩宅侧房

图 2-161 四川大邑刘文彩庄园之一

悬山顶，还有的采用封火山墙硬山顶。川中住宅的装修十分考究，挂落、花罩以及格花格扇门窗的使用较普遍。厢房多用支窗。檐下的吊瓜、撑栱、挑梁、角花等多加以雕刻，显示出业主的财力与欣赏趣味（图 2-160～图 2-162）。

在农村丘陵地区，为了使民居平面更适合地形条件，工匠们创造出了不少悬挑、分台、吊脚、拖厢等手法，不但节约了施工费用，而且进一步丰富了建筑空间的变化（图 2-163、图 2-164）。四川青城山的道教建筑及峨眉山的佛教建筑，许多都是从民居建筑中吸取的营养，进一步推演变化出来的。

昆明一颗印　普遍应用于以昆明为中心的滇中广大地区，是一种两层楼，面阔仅三间的小型庭院式建筑。宅基地盘方正，墙身高耸光平，窗洞甚少，远望之其形如印章，故俗称之"一颗印"（图 2-165）。

图 2-162 四川大邑刘文彩庄园之二

图2-163 四川峨眉山民居之一

图2-164 四川峨眉山民居之二

典型的"一颗印"规制为"三间四耳倒八尺式"。即正房三间,两厢称为耳房,各二间,共称四耳。耳房前端临大门处有倒座房一间,进深仅八尺,故名倒八尺。各方房屋均为两层楼房,在正房与耳房相接处留有窄巷,安放楼梯,称为楼梯巷。天井在中央,面阔仅一间,比例狭小如井,是最小形制的天井院。住宅各间用途以正房为主,正房中间为厅堂,供日常起居,不作装修,呈敞口厅形式,与天井院混为一体。二层中间为祖堂或佛堂。正房上下楼的次间为卧室。左右耳房的进深较浅,一般作书房、客房之用,农家则作为灶房及畜圈等用。倒八尺的大门内在面向天井的檐柱间安设屏门,以遮内外视线。居者入门后从左右耳房廊下转入正房。正房多为五檩的插梁式构架,另加前檐廊步,双坡顶。两耳房进深小,为一面坡式屋顶(图2-166~图2-168)。小型的住宅可以不建"倒八尺",而设一墙门,形成三合院,甚至只建三间正房带楼梯的独院小宅。

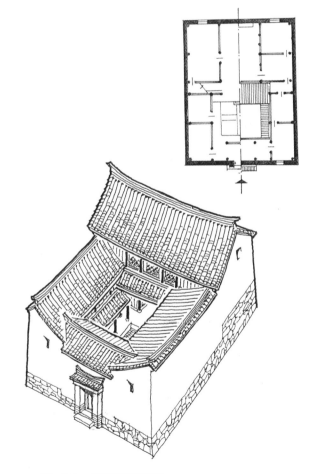

图2-165 云南一颗印民居示意图

图2-166 云南一颗印民居外观

层各室之间形成走马廊，相互串通。而下层的披檐消失了，为城乡富裕人家常用的形式。其挑枋、瓜柱、栏杆等处有精细的雕饰。

一颗印的外檐装修常用格扇门及槛窗（当地称为竖窗），但在耳房处常用拦脚推窗，即全窗分为上下扇，下扇为固定的拦脚窗，上扇为可向内推起的推窗，上大下小，开启灵活，配以工字格棂条，在透视上产生一种变化不定的闪动感。这种拦脚推窗是川滇一带特有的装修。民居木质建筑装修一般油饰青黑色，红色线脚，格扇门上贴金花。而乡间民居多不施油饰，保持木材本色。

早期一颗印民居，正房和耳房的下层皆有披檐。正房前有廊步，设有下檐柱。在耳房及"倒八尺"建筑没有前廊，是由承重木枋出挑，支承吊瓜柱和挑檐枋以托披檐。正房及耳房的上下屋檐，彼此穿插相掩，正房各檐位置较耳房为高。以倒八尺的上檐最低，区分出主次关系。这种屋檐叠落的建筑风格具有某种古朴之风，故这类一颗印，又称"古老房"。后期住宅为了解决上层各居室间的联系，各居室前面皆扩出前廊，在二

粤中民居 是指广州及其附近，东莞、番禺、中山、台山等县市的民居，也包括粤西的部分县市，有些著作中亦称之为"广府民居"。该地区处于珠江三角洲地域，具有悠久的经济及文化开发历史。土地肥沃，但地少人多，建筑用地紧张。全年无雪，夏季达6～7个月，气候潮湿多雨，年降雨日达140余天，而且7月份到9月份间台风猛烈。故该地区民居以通风隔热为建筑设计的要点。

图2-167 云南一颗印民居内景

图 2-168 云南一颗印民居檐口

该地区的民居建筑类型较为复杂，特别清代以来华侨归乡带入不少西洋建筑的风格，增添了新的意趣。众多的传统民居经分析可以归入两个系列：一类为竹筒屋式样，即是单开间面阔，而进深非常长的住宅，深者达20米，并联建造，是用地十分节省的民居类型，具体形制将在另节叙述。另一类为"三间两廊"式，即Ⅱ形三合院。主居三间，中为敞口厅堂，二侧为卧室，卧室后半部上面设置阁楼，可储存稻谷，存放杂物。两厢各为半间，用为厨房、杂用房，与卧室毗连建造。大门在正中，亦可在侧廊或侧厢，大门一般凹入墙内300～500毫米，呈凹斗状并有一定的装饰处理，是民居的美化重点（图2-169）。主房后墙皆不开窗，仅东西墙上部开小窗透气。每户天井院皆有自用水井，厕所在室外，多与畜舍临近。以这种"三间两廊"为基式，可发展成多种组合类型。如加设前屋，则形成"上三下三"的四合院，即上屋三间，下屋三间，左右各半间，中间为天井。若两座三间两廊屋纵向连接，则形成双天井、两进院落房屋。若再加前屋则形成三进的更大型住宅。粤中民居的房间体量较小，其结构方式为砖墙承重的硬山搁檩结构。檩距较小，约800毫米左右，不设吊顶。为求阴凉效果，室内亦用清水砖墙，不抹灰。粤中地区农村中，大宅第较少，一般民居仍以"三间两廊"较为普遍，在一些宗族观念深厚的村镇，同姓居住在一起，往往采用以"三间两廊"式住宅为基点，规划全村，形成"梳式布局"的村落。即全村划出南北向巷道若干，巷道间按前后毗连布置若干幢"三间两廊"住宅用地，由巷道即宅侧入口，富裕人家可占用二幢

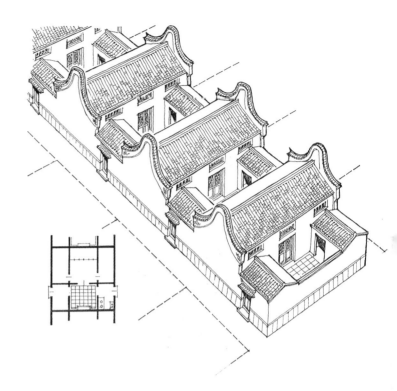

图2-169 粤中民居示意图

图2-170 广东三水大旗头村祠堂前广场

图 2-171 广东开平马降龙村

图 2-172 广东广州陈家祠堂屋脊陶塑

图 2-173 广东开平三门里广府民居村落

图 2-174 广东开平宝源坊弄巷

宅基。村中央或村庄最前一排为祠堂、私塾，村前为阳埕（广场、谷场）及半圆形池塘，村后及左右为竹林、果树，布局严正划一，巷道通风良好，用地紧凑，适应粤中地区条件及用地紧张的状况（图 2-170 ~ 图 2-174）。粤中地区民居充分反映出追求紧凑布局的各种努力。民居的装饰亦十分丰富。广州一带盛行于外门之外，加设推笼门（一种用圆木组成的滑门），可横向推拉，平时大门开启后，仍可通风换气，且有防盗作用。

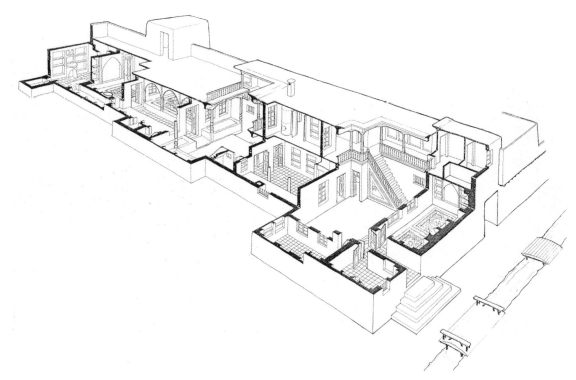

图 2-175 新疆喀什"阿以旺"式民居示意图

"阿以旺"民居　　维吾尔族是新疆地区的主要民族，约占全区人口的70%，大部分居住在南疆。信仰伊斯兰教。南疆地区炎热、少雨，年降水量不足100毫米，主要靠天山雪水融化，作为农业灌溉之用，一年之中绝大部分时间可以在户外活动，所以创造了一种土墙、平顶、居室分为冬室和夏室两部分的住宅类型。在维语中"夏室"又称"阿以旺"，所以在南疆，维吾尔族住宅又称"阿以旺"式住宅（图2-175）。

此种民居的夏室即指位于建筑前部的宽廊，廊子地面较院落地面抬高约一米，形如土炕。平时铺毡毯，白天家务操作、游戏、吃饭、待客等皆在此进行，晚间铺上卧具亦可睡眠，从5月份到11月份皆露天睡觉。这种形制在喀什、叶城、皮山、和田、于田等地皆为通用（图2-176、图2-177）。大型住宅往往四面建造房屋，故夏室的

图 2-176 新疆喀什民居乌斯唐布衣区

外廊可以周圈围合，形成较封闭的空间。有的大宅更进一步将封闭的庭院空间上方加盖屋顶，留有天窗侧向采光，将院内各面房屋的夏室（宽廊）联系在一起，并将庭院地面亦加以铺装，安排各种家务及待客活动，形成更大的夏日活动空间（图2-178）。这种形式的大宅在和田地区尚可见到。为什么这种更为封闭的夏室在和田流行，恐怕与当地气候有关。和田处于塔克拉玛干大沙漠之南，属内陆沙漠气候，干旱少雨，年降雨量仅35毫米，而年蒸发量为降雨量的50多倍，故室外气候条件极差，较喀什等地更为干旱。这种阴凉封闭的"阿以旺"正可以改变居住条件，故为居民所喜爱。"阿以旺"民居宽廊以内为冬室，室内设有壁炉及墙龛，各类墙龛既是储物之所，又是室内很精美的装饰品。冬室地坪标高与夏室同高，入室以后居民可席地而坐。冬室面向宽廊的墙面开设窗台很低的长窗，从廊内间接采光。为了防止风沙侵入，这种窗户皆在外部加设防护板窗。个别过于深大的冬室在后墙开设窗户。进入冬室之前，有一前室，作为过渡的空间，亦有防风之作用。

图2-178 新疆墨玉扎瓦乡盖托格拉村某宅室内

图2-177 新疆喀什乌斯唐布依区安江阔恰巷71号民居顶棚彩绘

图2-179 新疆喀什乌斯唐博依路293号维吾尔族民居

较富裕的人家，把茶室（即餐室）从冬室中分离出来，单独设置在冬室的一侧。此外居室内尚布置有淋浴间和储藏间，这种分冬室、夏室的平面布置方法，在南疆地区的礼拜寺大殿平面中亦为通行的布置原则。"阿以旺"式住宅的朝向以南向为常见，平面布置十分灵活，不求对称，一字形、Ⅱ形以及组团形皆可。可以根据财力及基地形状随意布置，但夏室皆朝向院内。小型住宅的前廊要互接串联，大型住宅可以数座院子套接在一起，各幢房屋的夏室要求互相联结，而冬室不要求串通，较为封闭。一般"阿以旺"式民居皆为单层，而喀什市区内用地少，故城市住宅发展为二层的"阿以旺"，这种住宅往往无前廊，用楼梯及走马廊串联上下层，其夏室改设在晒台（即下层的平屋顶）上，做成敞廊式，或者在台上搭设棚架遮阴。而且附建半地下室，以作储藏之用。楼居式的民居是"阿以旺"式民居的发展变体。为了争取空间，有些民居可将部分房间架于街巷之上（图2-179、图2-180）。

和田、于田一带保留有较老的民居，住房做成前室加后室形制，前室以木棂格隔扇与庭院分隔，后室则以木棂格花罩与前室分隔，壁炉上部墙面饰以透雕的矩形石膏花板，门框上镶有分格的木雕花板，地方装饰特征十分明显（图2-181）。

维吾尔族人民喜爱花木，任何居民庭院中皆有棚架、花树等，栽种葡萄、葫芦、牵牛等攀缘植物。花叶扶疏，清凉宜人。庭院中尚有土坯砌筑的坐台，上部有花架遮阴，供夏日乘凉。

南疆维吾尔族民居为木梁柱、密檩平顶构架。密檩上满铺半圆形小木条，上铺苇席、麦草。以

图2-180 新疆喀什乌斯唐布依区239号民居

图2-181 新疆墨玉扎瓦乡盖托格拉村某宅室内木格扇

图 2-182 新疆喀什民居室内

及数层草泥抹光压平。外墙为土坯墙或双层插坯墙，内墙用编笆墙或单层插坯墙。外墙不开窗，外观朴质无华。房屋内檐装修精致。夏室前廊木柱的柱头柱裙有精美的雕刻。晚期受中亚的影响，尚有满雕花纹的木拱券及垂柱装饰前廊。窗户为双层窗，内为玻璃窗，外为板窗，以利通风。南疆维吾尔族是席地而坐，因此不设家具，仅有矮桌而已。室内华美的地毯及卧具来表示居住者的富有及艺术情趣。室内顶棚及托梁，亦有粉饰及彩绘。特别丰富的是沿四周墙壁所开设的大小尖圆不同形式的壁龛。这些壁龛分为若干用途，沿西墙中央设的大型壁龛是摆放卧具的，也可对它做礼拜，相当一座圣龛。其他墙壁上的较小壁龛放置碗、盘、灯等什物。壁龛大小不等，相互组合成一面墙壁。此外门框上部也专设一龛室，还

有带柜门的壁柜。室内虽无家具，但用具摆设储存却很方便。墙壁和龛缘皆装修有各种石膏花饰，这些装饰虽然皆为伊斯兰教喜欢用的植物纹和几何纹，但变化丰富，做工精细，有的还填刷颜色，更觉鲜艳多姿，充分表现出维吾尔族工匠精巧的工艺技术及丰富的构图想象能力（图 2-182）。

三、三堂式

三堂式是一种很古老的民居形式，在汉代画像石中就出现了三堂式的住宅布局，唐代亦是主要的住宅形式之一。随着历代汉人南迁，这种形式也带到南方。三堂包括有下堂（门堂）、中堂（厅堂）、上堂（寝堂），三座主要房屋前后排开，周围有廊屋等辅助房间。下堂是屋宇式大门，供护卫仆人居住；中堂为会客及家庭聚会之处；

上堂为主人居住之处。大户人家也可以设两座上堂，以增加居住面积。也有在厅寝之间增设穿廊，形成工字形建筑。也有在中堂与上堂之间设置二门，形成内院，以加强私密性。闽粤地区的民居在三堂的基础上，左右增设通长的护厝（即厢房），作为居住用房。而上堂改为祖堂，作为家族祭祀祖先之处。豪门大户住宅的护厝可达到三层，规模庞大。粤东梅州的客家人住宅又在三堂护厝的基础上，在住宅后部增设了一圈半圆形的厝屋，称"围垅屋"。这些都是三堂式民居的扩展形式，以适应地区及家族聚居的要求。三堂式民居的特点是在三堂的庭院内不设厢房，而厝房纵列在主院的两旁，形成纵长的厝院，是大家居住生活的地方。三堂式民居通行在中国南部各省，尤以盛行大家族模式的闽粤地区的实例甚多。如福建福州、泉州、广东潮州、汕头，及受闽南风格影响的台湾等地；而三堂带护厝及后围屋的民居以广东梅州最典型。

闽东民居　福建一带多受中原的影响，随着历代中原移民入闽，而使包括建筑技术在内的各地文化与当地文化技术相互融合，成为福建特有的文化风格。在其民居形制中也可看出这种影响脉络。另一方面福建境内多山，交通阻隔，文化交流困难，造成八闽之内，方言众多，建筑风格也遍呈异彩，很难以统一的特征加以概述。以福州为中心的闽东地区是其中具有典型的民居区域之一。闽东民居包括闽江下游的闽侯、福清、闽清，以及稍北的福安、福鼎等地域。

闽东民居典型大宅的平面是纵向多进布局，一般面阔三间，前为门屋，中为大厅，后为后厅。厅间为横长的天井院，住宅之后一般留有家务杂用的小天井。大型民居可有五进院，依次排列门屋、轿厅，过厅、大厅、后厅，在大厅前的天井中还建有亭式建筑一座，称复龟亭，作为前后房屋的联系，同时也将横长的天井空间分隔为二，更为丰富。个别大宅也有用五开间面阔厅堂，布

图 2-183 福建福州三坊七巷民居

图 2-184 福建福安廉村民居

图 2-185 福建闽侯民居

图 2-186 福建福安廉村陈柱松宅入口门头

置全宅。横长的天井两侧可不建房，也可建空廊或进深极浅的厢房，处理较自由。各进房屋的中间为厅堂，皆造成敞口厅形式，两侧次间为卧室。福州民居内的敞厅的面阔明显较次间卧室为大，标明厅堂为全宅的构图中心地位。

宅内主要厅屋的进深较江浙一带更深，故敞口厅往往分为前后厅，而且卧室亦可分为前后间，甚至三间连属，具有很高的建筑密度。福州民居外墙不开窗，由高墙围护，所以两侧厢房以及入口门屋多为一面坡屋顶，向院内排水。厅堂两山为封火山墙，其形制为挺拔高峻的观音兜式样或其他曲线形山墙，墀头高耸，极富于形式的运动感，是该地区民居特色。在农村地区单独建造主屋，多不设封火山墙，而在山墙面增加多层披檐，以防雨水冲刷，形体更为灵活（图 2-183 ～图 2-187）。

闽东民居构架为插梁架，一般为一柱一瓜，因厅堂进深大，所以落地柱也多。前廊檐下多雕

图2-187 福建福州三坊七巷文儒坊陈氏民居隔扇门（引自《全国重点文物保护单位》卷6）

饰。民居入口极为简单素雅,一般沿白粉外墙面开设墙门,石框黑门扇,门上方设出挑的单坡瓦屋面的雨罩,一般为插拱出三跳。福州的旧城区内的三坊七巷的传统民居皆是如此,优秀的实例有福州宫巷沈葆桢宅等。

闽南民居 闽南民居亦可称为护厝式民居。闽南是我国经济发达地区,对外交往的历史亦十分悠久,泉州、莆田、仙游、晋江、厦门、漳州的海外华侨众多,当地的建筑技术亦独成派系,称闽南帮。该地区属南亚热带,基本无冬,年平均气温为 20℃,年降雨量为 1300 毫米,夏季多台风,全年日照日达 200 余天。

这个地区的民居除了一般通行的三合院建筑外,很多大宅采用"护厝"式建筑,即在中间仍保留"上三下三"、"上五下五"或"三堂"制天井式住宅,在住宅东西两侧跨院布置纵向建筑,称为"护厝",共同组成一个大宅院(图 2—188 ～ 图 2—190)。这类护厝即江西及粤东梅县的"横屋",四川的"围屋"。一座宅院可以是单护厝亦可是双护厝。护厝与主屋间形成狭窄的天井,中间可以矮墙分隔。天井可形成很凉爽的对流风。护厝不仅可以作杂屋,亦可作居室之用。

这种护厝式民居不仅盛行于闽南地区,广东潮汕地区亦取这种类型的民居,而且对广东梅县及赣南一带客家集居式建筑亦有较大的影响。隔海的台湾省民居亦属闽南民居的系列。

护厝民居的朝向多为南向或东南向,平房为主,极少楼房。结构为插梁式木构架。瓜柱、月梁雕饰极多。厅堂前檐多为石柱,从厝亦可用砖

图 2—188 福建南安官桥乡漳里村蔡氏民居

图 2—189 福建泉州蔡氏故居

图 2—190 福建泉州杨阿苗宅门屋侧天井

图2-191 福建南安官桥乡漳里村蔡氏民居石雕透窗

图2-192 福建泉州杨阿苗宅厅堂梁架

图2-193 福建泉州杨阿苗宅大门壁饰

图2-194 福建泉州杨阿苗宅厅堂格扇

图 2-195 福建晋江东海石头街民居砖石混砌墙

图 2-196 福建安溪某宅

木混构,屋面为双坡硬山瓦屋面,具有显著的升山起翘,正脊两端尤为高翘,并作出燕尾形脊头,硬山博风亦有装饰性的灰塑纹饰。泉州地区土质含铁成分较高,烧制出的砖色十分艳红,称"胭脂红"。红砖红瓦是闽南民居的一大特色,再配以黄色花岗石及青石,使得建筑外观极富装饰色彩(图 2-191 ～图 2-194)。同时当地习用花岗石与条砖混砌,互相穿插,并组成多种自由的墙面图案,这些也为泉州民居增添了不少地方特色(图 2-195)。

护厝式民居的外观较为丰富,主立面是由三间或五间门屋及两护厝的山面墙组成,产生横竖尖平的构图变化。两护厝的天井院有外门通向街巷,与大门形成三门对外的气势。泉州一带的门屋屋顶往往分隔成三段,中间一段稍高,二侧稍低,强调了中轴主体建筑。泉州一带民居大门多采用凹进式门斗,门斗侧壁有精美的砖石雕刻或红砖图案式贴面及花窗等。这些手法造成泉州民居活跃的外向的华丽风格。在十分封闭内向的封

建社会各地区的民居中,这是十分突出的一种变异,可能与泉州沿海地区外向型经济所造成的文化素质有关。当然某些小户人家也建造不带护厝式的民居,甚至就是一个 Π 字形小院(图 2-196)。泉州一带盛产佳石,许多民居完全以石材为围护结构。惠安县及沿海村镇不仅围护结构,连承重结构亦为石材,可以说是石头房子。

潮汕民居 粤东潮州汕头地区处于亚热带,全年无冰雪,气候闷热,雨量充沛,濒临南海,多台风暴雨。同时海风带来的风沙、盐碱对建筑的侵蚀较大,因此造成该地区民居注意通风防热,外围以砖墙封闭,封护檐口,硬山屋顶,布局紧凑等特色。潮汕地区中小型民居基本的平面布局为三合院和四合院,当地称为"爬狮"和"四点金"。较大型民居为三堂式(即上、中、下三堂),当地称为"三座落",前为门厅,中为客厅和卧室,后为祖堂和卧室。很多更大型的民居就是在这三种基本平面上的排列组合,规模进一步扩大。

图 2-197　广东潮安民居

图 2-198　广东汕头民居

亦有的民居是在三堂制式的基础上左右加有一重从厝或二重从厝，后有后仓屋，组成的更大型民居，类似闽南民居的布局。例如潮州著名的许驸马府即是这种类型。还有的是中心为三座三堂式，周围尚有由三堂式、四合院、三合院组合成的特大型民居，又称"图库"或"方寨"等类型。潮汕民居中大型住宅较多，反映出地区家族观念深刻性与宗法制度的牢固性，这种合族居住的大宅制度在潮汕地区是有较长的历史，某些组合形式至少在明代已经形成，而且一直延续到今天（图2-197～图2-199）。

潮汕民居有着丰富的外观造型，突出表现在硬山封顶、灰塑及大门处理上。其封火山墙有圆线、折线、折弧线、尖状线、阶梯状等不同形式，分别代表金、木、水、火、土五星的星相，其他尚有大北水式、花式大水式。而且沿着封火墙顶设计有繁复的线条和灰塑、彩绘等装饰，组成一条华丽的装饰带，是悬山山面博风板形态的遗迹。装饰带共计有三条板线及两条彩绘的板肚，加上山尖部位的腰肚，称为三线三肚。板肚分成小池子，分别画山水花朵、人物等题材。而且独具特色处即是板肚的宽窄有变，由山尖至墀头由窄变宽，形成动感流畅的线形装饰（图2-200）。潮

图 2-199　广东潮安某宅凹斗门

汕地区多风，故外檐椽头封护在檐墙内，为了丰富墙面，皆在屋面与墙身过渡的墙楣外施以砖雕或灰塑。上下为板线，中间为花肚，描绘人物花鸟。有的灰塑还施以色彩。潮汕的大门为凹入式，正门立面分二段处理，上为匾额及左右花窗；下为大门框扇及左右装饰性腰墙。富裕人家可用石板雕琢成石板画装饰腰墙。在贴近大门外有木造格栅门一樘，直棂双扇平开，门扇正中有八卦图案，以遮挡视线，类似粤中地区的推笼门（图 2-201）。民居庭院多栽种花木或盆花，以改善居住环境。

潮汕民居中大部分房屋为砖木混合结构，即砖石承重墙体与抬梁木屋架的配合。大型厅堂为了空间开阔，多用抬梁式木架或插梁式木架，构件加工繁密，如月梁、瓜柱、挑檐、梁榫头皆有雕刻，受闽南木构影响较大（图 2-202）。

潮汕地区的民居建筑受风水学说的影响甚大。选定宅址及朝向方位皆须请风水先生择定，假如宅址周围环境有不利主人的犯"忌"，尚须在大门方位、厅堂朝向及屋脊装饰上加以改动措施，以破除禁忌。在营造中，采用"尺白"、"寸白"制度，凡建筑的开间、进深、檐高、正脊高度等主要尺寸，皆要选用吉利尺寸，即木行尺中一、二、六、八、九尺及一、六、八寸，并配合住宅朝向的八卦方位，推算出该宅的具体吉利尺寸。在风水书中这些大吉尺寸数字在九宫配色中皆占白字，白色为吉星之色，故这种制度简称为"压白"。压白制度的科学价值目前尚在研究之中。此外在确定门口高宽时，尚须符合当地"木尺"的吉利尺寸规定，木尺分八格，其中一、四、五、八为吉。此法即为古时"鲁班尺"（又称门尺）规定。

图 2-200 广东潮安彩塘镇民居山墙装饰

图 2-201 广东潮州某宅院门

图2-202 汕头潮阳梅祖家祠大厅梁架（引自《汕头建筑》）

台湾民居　台湾是我国第一大岛，岛内以中央山脉为主的五条山脉，南北纵贯全岛，造成岛上平原少，溪流短，落差大的地形特点。仅西部有台南、屏东等少量平原，及多处丘陵地。北回归线横跨于岛的中部，属热带和亚热带的海洋性气候。高温多雨多风是其特点，年平均气温22℃，台北最冷月也不过15℃，长夏无冬，四季常绿，年降雨量达2000毫米以上，每年有2/3的时间下雨。同时台湾又是夏季台风的主要通途，狂风暴雨，洪水暴涨，造成严重的灾害，这些条件也影响了台湾民居的形制。

台湾民居是属于中国大陆闽粤民居系统，岛上原土著居民——高山族的民居仅占很小一部分，在另节叙述。

早于宋元时代，大陆福建居民即开始迁居澎湖列岛，并设置行政机构，其后在明代末年，郑成功收复台湾，以及清代初年随清军入台，又迁入大量的居民，而且清初福建与台湾合治为一省，至光绪年间才分设，因此闽台之间在语言、宗教、服饰、风俗习惯、饮食居住、民间艺术等方面皆有很多共同之点。当时在西海岸建立不少村庄，并延伸至北部及东部海岸。至清代末年汉族人口

图 2-203 台湾新竹豫章堂

图 2-204 台湾新竹豫章堂院门

已达300余万人,入台的居民中以福建漳州、南安、晋江、莆田、同安、安溪、广东潮汕、惠州等地居民为多,其中闽南人约占83%,民居形式明显具有闽南风格,即以平房为主,中间为正房,为祭祖、待客及全家活动中心,开间为三间或五间。两侧为护厝(当地称为护龙,即客家人的横屋),组成三合院。护厝与主房可互相搭接,前面建院墙,居中建随墙门。在农村中三合院间的庭院是敞开的,称之"埕",为农业加工和进行副业之处。大家庭多建造两三进厅房,或在外围加建护厝,扩大平面布局,即为闽南常用的"几堂几横式"。住宅前面可建照壁或门屋,中间围成庭院(图2-203~图2-207)。

台湾民居与闽南民居对比,亦有许多的特色表现。第一、主次关系十分明确。中轴对称式的布局,正房为主,开间进深及屋高在全宅之首。护厝必定低于正房。而一些较长的护厝,尚设计成由后至前屋高逐间跌落的形式,类似福建客家

图 2-205 台湾宜兰黄举人宅正房

图 2-206 台湾宜兰黄举人宅正房梁架彩绘

图 2-207 台湾宜兰黄举人宅正厅入口雕饰

人的五凤楼。第二、大量的住宅为三合院式、两堂式或沿横向增加护厝。基本上为横向扩展的住宅，在兄弟数支合居的大家庭中，也有将二堂二横式住宅并列数座建造，中间留有防火弄。如新竹郑用锡大厝为五院并列的布局。只有富贵人家的民居建成前后数进的纵列式大宅，如台北板桥林宅的新大厝，即为五进院落纵列。第三、由于台湾地形特点，民居朝向一般不严格规定朝南，朝东也可。护厝一般亦作为主要居室使用。第四、一般大宅多带有庭园，其庭园特色是以人工布置

的亭榭廊桥为主体，适当点缀假山、池塘，密度较高，人工气息浓重。第五、清代中期以后，官僚、富人住宅的艺术趣味趋向精细的木工雕饰，瓜柱发展成叶瓣复杂的瓜筒，以及雀替（托木）、斗座、随枋（圆光）皆加工成透雕的花饰。清代后期，在传统民居中往往增加西方的建筑装饰，室内雕饰更加繁琐，而且布局亦产生变化，往往富家大贾的住宅把客厅部分脱离大厅，别院另建。第六、一般民居中，大量应用竹结构及竹材及轻质隔墙，尤其以南部台南、高雄等地最为普遍。

第二节　独幢类民居

即是将生活起居的各类房屋集合在一起，建成单幢建筑物的民居类型。其中除厅堂、居室外，还包括有厨房、仓储、佛堂，甚至畜圈在内。这类民居不强调室外院落的利用，没有或没有明显界范的私用的院落。由于是单体建筑的组合，所以村落布局比较灵活，朝向随意。因在单幢建筑中需容纳较多居住内容，所以往往出现二层或三层的建筑结构。由于是统一的屋顶，故在平面面积较大时会出现屋面穿插、跌落或披檐，显现出丰富的空间造型。这类建筑分布地域较广，但大部分为少数民族所采用。造成这种现象的原因，主要是受经济发展水平的影响，直到清代我国许多少数民族尚处于奴隶制时代或向封建制过渡，带有农奴制特色的小自耕农时代。生产力低下，私有财产贫乏，相对讲私密性的观念也薄弱；同时子女成年婚配以后多分居单独居住，独立负担生活，故形不成封建大家庭，也无建立组合住宅的必要；再者少数民族居地多为山区坡地，因地制宜，在这样的地形环境下的民居很难形成庭院式的布局。

由于各地气候，地方建筑材料以及相应的结构方式的不同，这类民居又可分为干阑式、碉房式、井干式、土掌房式等四种主要形式。

一、干阑式

居住在广西、贵州、云南、海南、台湾等处亚热带的少数兄弟民族，因为所处地区气候炎热，而且潮湿多雨，为了通风、防潮、防盗、防兽而采用一种下部架空的住宅形式,称为"干阑"。干阑又称"麻阑"、"阑房"、"栅"等名称，各地称谓不同，但同指为下部悬空楼上居住的楼居。干阑式住宅起源很早，史籍中早就有"依树为巢而居"的记载，这种巢居即为干阑式建筑的原始形态。相当于汉代初年的云南晋宁石寨山出土的铜贮贝器的顶部，即有形象十分准确的长脊短檐式的干阑建筑。浙江余姚河姆渡就还发现了原始社会干阑建筑遗址，在四川成都十二桥亦发现了商代的干阑建筑遗址。广州出土的汉代明器中，尚有干阑式建筑。但在汉代以后由于建筑技术的进步，人们可以用其他办法解决潮湿与虫兽的侵扰，所以干阑建筑慢慢从长江流域消失。但是闽粤及西南地区仍在运用干阑方式建造民居。历代文献上提到居住"干阑"民居的民族有僚族、蛮族、林邑人、黎族等，实际就是居住在南方的百越族系及西南一带的古苗族（古蛮族系）。这两大族系后来又演化出诸多的民族，皆维持着居住干阑建筑的习俗，应用将近两千年，而发展变化不大。干阑建筑除了木构以外，在潮湿地区亦可用竹材制作，如云南傣族原来其民居为竹构茅顶，故称竹楼，海南黎族的船形屋亦全部为竹构。早期干阑建筑的下部栅台与上部茅屋是分别构筑，不是一个结构体系，后期与汉族接触增多，吸收汉族穿斗建筑的形制，架空层与居住层统一用一榀屋架，中设楼板而成，甚至设置两层楼板，形成三层高的干阑。结构上下分离的原始的干阑房，在某些偏远山区的民族尚在应用。如云南的傈僳族下层的架空平台用柱极多，俗称千脚落地；又如怒族干阑除下部架空外，因气候寒冷，上部改为垒木而筑的井干式结构。

直至清代末期，仍然居住着干阑式民居的民族仍有二十余个，但由于地域气候，建筑材料及民族习俗的不同，其民居形式亦有所不同。如使用全木制，悬山瓦顶干阑屋有壮族、侗族、湘西及贵州苗族、布依族等，有的壮族、侗族的民居还建成三层高度，并有回廊、挑台、挑橱箱等空间变化；使用竹制歇山草顶干阑屋的有傣族、基诺族、布朗族、哈尼族等，近年改用木结构瓦顶的实例也多起来；此外，佤族、拉祜族的干阑屋是椭圆形平面，椭圆形屋顶；而景颇族的民居则为矩形平面，倒梯形的悬山屋顶；海南岛上的黎族及苗族的干阑屋采用船篷屋顶；广西防城的京族民居类似地居，但其地板仍架空200毫米，仍是干阑屋的特征；傈僳族的干阑架空层支柱极多，设在山区陡坡上；怒族干阑房使用垒木而成的井干式壁体；一部分民族局部接受了汉族建房的模式，采用了前部架空，后部地居的半边楼形制，这样的民居有贵州的苗族、湘西土家族等；有的民族进一步按半边楼原则将干阑房的围护结构砖石化，使外貌与原来的木制干阑房拉开了距离，如广西瑶族、毛南族、水族等；贵州镇宁地区的布依族民居，除了墙体改为石材以外，甚至过梁、窗口、屋瓦皆为石材，俗称石板房。外观完全变为石头建筑，但从本源上讲，它仍是干阑民居演化出来的变种。

干阑式民居多应用在子女成家后分居另立家庭的小家庭制度的少数民族地区，因此民居规模

不大，无院落，日常生活、生产活动皆在一幢房子内解决，这点也受我国东南地区地形复杂，坪坝少，多雨潮湿的自然环境的影响所形成的。干阑式民居在中国各少数民族中应用情况有所不同，布局及结构都有各自的特色，形成许多地区性的民居。属于干阑式民居的有傣族民居、壮族"麻阑"、侗族民居、苗族半边楼、土家族民居、景颇族民居、德昂族民居、佤族民居、朝鲜族民居、黎族船形屋等十余种形制。此外，云南的布朗族、基诺族和部分哈尼族、拉祜族、傈僳族、怒族亦采用干阑式民居，而湘鄂边区的土家族的吊脚楼，应属于部分干阑式的民居。朝鲜族民居虽然处于北方干旱寒冷地区，但从其架空地面，席地而居来看，故列入干阑式之内。

傣族民居　傣族聚居在云南西双版纳及德宏两州，这是一个河谷与山脉交错的地区，地势高差变化大，海拔500～1700米。气候较温和，终年无雪，四季不分，植被丰茂。傣族多居于河谷平坝地区，根据风俗习惯、耕作技术及居住状况，或分为水傣（傣泐）和旱傣（傣那）。水傣住干阑式民居，而旱傣因与汉族长期融合，多采用草顶和瓦顶的平房，组成三合院或四合院，朝向不固定，与汉族民居类似。至于居住在红河一带的旱傣，又多习用当地彝族、哈尼族的土掌房形式，对此不作详述。本节重点介绍水傣的干阑式房屋。

傣族实行一夫一妻制，幼子承继家业，子女成家分居另过。民居亦为规模较小的单幢住宅。西双版纳傣族住宅平面近方形，楼下架空为畜厩、

图 2-208 云南西双版纳景洪傣族竹楼草顶民居

图 2-209 云南西双版纳景洪傣族村寨

杂用、碓米，楼上以轻质隔断分为堂屋及卧室，住宅内无家具，席地而坐。在堂屋设火塘，为全家团聚做饭处。卧室为通长大间，席地安设独人铺垫，家人同宿一室。堂屋卧室外边设有前廊和晒台，廊间有座椅和铺席，并有宽大的披檐以遮雨遮阳，为日常起居活动处。傣族民居称晒台为"展"，有矮栏围护，为盥洗，晒衣、晾谷物的地方。此外在住宅之外可接建独立的谷仓，其形制与住宅相似（图 2-208～图 2-211）。

干阑房为竹材绑制的构架，柱距约 1.5 米，排距为 3 米，是根据竹材的承重性质确定的。故民居规模大小也以底层用柱多少来表示。用竹篾制墙壁，竹竿绑制屋架，稻草顶，稻草多以竹篾夹制成草排，成排缚在屋顶的横檩上，屋顶坡度陡峭，约45℃～50℃。清代后期逐步改用木梁柱，简单榫卯交叉，上搭木檩、竹条，屋面改用称"缅瓦"的小形平板挂瓦，但外观造型坡度比例依然如竹制结构。西双版纳地区，喜欢用歇山式屋顶，脊短、坡陡、山尖很小，形如一顶帽子，故俗称这类干阑为"孔明帽"。墙身外倾，而且在墙面外接建一宽大的披檐（偏厦），上下檐可以将楼层围墙全部盖住。墙面不开窗，遮阳避晒，十分阴凉。根据底层架空高度，可以分为高楼与低楼，底层高1.8～2.5米为高楼，可关养牲畜。底层高0.6～0.8米者为低楼，一般为贫苦人家居住。傣族的竹楼平面十分灵活，无对称或朝向要求，亦无基本单元的限制，随意搭制。在基本类似的柱距和排距的基础上，以用柱的根数来表示住宅规模的大小，一般民居为40～50根，多者70～80根。清代西双版纳部落首领所居住的宣慰府住宅多达120根。傣族竹楼没有显著的装饰加工，显露结构及材料之本色，屋顶陡翘，檐面穿插，出檐低深，轮廓变幻，具有朴实轻柔之建筑美感。

图2-210 云南畹町乡芒林村口古榕树

德宏州傣族竹楼，基本类似西双版纳，但有自己的特色。下层无大披檐避阴，显现二层墙身，墙身垂直，上层墙面可以开窗，对流通风及采光皆有改善。架空层（底层）亦用粗编竹篾围绕，可以利用为牛厩、谷仓、柴房、舂米等用的杂务房间。竹楼后方有单独的平房厨房，与居室竹楼可联建，改善了居室内的生活环境，而且形成高低错落的屋顶组合。后期竹楼内的卧室分为数间，可分室睡眠。德宏州竹楼屋面有歇山式，脊长，出檐短，亦有悬山式加山面披檐的，尚有个别的椭圆形毡帽顶（图2-212）。屋面有草顶和瓦顶，近年亦有应用镀锌瓦楞铁板的。其外观无华，特别是编织的竹席外墙，是使用竹皮反正两面编织的，在阳光照射下，光粗不同，显现各类图案纹样，具有工艺技巧之美感。

图2-211 云南勐海勐板乡入勐垒寨布朗族民居

傣族民居的轻巧变化的空间，丰富错落的轮廓源于其轻屋盖的绑扎竹结构体系。竹楼建筑不受规范化的营造技术约束，随意性较大，随意添改，自主营建，材料自取，所以个人创意得到自由发挥。

西双版纳勐海县布朗山一带集居着的布朗族，他们的民居形式基本与傣族竹楼一致。所不同的是体型较为单一方整，室内不分间，堂卧混合，每家的谷仓皆集中设在村口路边，不像傣族建于附近（图2-213、图2-214）。

居住于西双版纳景洪县以东的基诺山区的基诺族人的民居形制基本类似傣族民居（图2-215）。为歇山草顶干阑式竹楼，屋顶坡度陡峭，出檐深低，几乎盖住墙身。有的民居在一侧还挑出披檐，以加大对侧墙的防雨、隔热功能。内部有竹篾隔

图2-212 云南瑞丽傣族民居

图2-213 云南勐海勐板乡弄养寨布朗族村寨

图 2-214 云南勐海勐板乡弄养寨布朗族民居

图 2-215 云南西双版纳景洪基诺乡民居

图 2-216 广西壮族民居示意图

墙，将堂屋、卧室、贮藏室分开，火塘偏于一隅。但年代较古老的民居仍保存的原始社会大房子布局特色，中央布置堂屋，两侧分间为卧室，堂屋中有长条形火塘，塘上架有 2 ～ 3 个锅庄，全家团坐周围，反映出原始遗绪。

西双版纳勐海山区的哈尼族人的民居，其外观形式及结构方式与傣族竹楼基本类似，但由于民族习惯不同亦表现出某种差异，例如已婚子女单独建立小房子居住，与父母分居；民居内分为男室女室、双火塘、双入口；屋面尚保留有草顶、博风板交叉的痕迹，并演化成若干装饰物等。

壮族"麻阑" 壮族定居在广西、云南、湖南等地，以广西为集中地。明清以来，汉人亦迁入广西不少，带进了中原文化及工艺技术。壮族民居可分为两大类型，即楼居"麻栏"和地居平房三合院。楼居又分为全楼居麻栏，多应用在桂北的龙胜地区和桂西的德保、靖西等地，半楼居麻栏多采用在桂中的宜山、都安、武鸣等地。

"麻阑"为壮语的音译，意为回家住的房子，其结构形式即是全木构的干阑式建筑。但壮族麻栏下层并非简单的支柱层，而是围以半圆形横木做成的栅栏，用作畜圈、杂用。上层为居室。居室上部尚有阁楼层（图 2-216）。

其中以龙胜地区的体型最大，其平面组合形式亦丰富多样，多采用五开间的穿斗构架。其居住层的布局是在前面安排一间大的堂屋，有的横长达五间，近 20 米面阔，凡婚丧、迎亲、节日庆祝及晾晒各物等皆在堂屋，平日即为家庭起居场所。中门两侧设棂花窗。毗邻堂屋有一火塘间，

图 2-217 广西龙胜金竹寨壮族民居晒台

火塘间与堂屋无分隔，为一共有空间。中设火塘，沿火塘三面摆设矮凳，用餐、烤火、会客皆在此处。火塘间前墙为落地窗，后墙多为主妇卧室，侧墙设凸出墙外的碗柜。在堂屋后边并列一排卧室，各间卧室呈横长形，按长幼分间居住。一般仅有一双人床，少量家具，也有的卧室排列是Ⅱ形，包围着堂屋。居住层的后部尚有一杂作间，做舂米、劈柴、放置杂物的地方。除堂屋外沿居住房间上部皆设阁楼层（图 2-217 ～ 图 2-219）。

龙胜壮族在居住层当心间部位，向外敞开，

图 2-218 广西龙胜金竹寨

图 2-219 广西龙胜金竹寨壮族民居

形成凹廊，名为望楼。在此可放置雨具、笠帽，并有长凳可以驻足休息，凭栏远眺，是当地麻栏的一个特色。有的麻栏尚有在前部添设抱厦，在侧部加偏厦，或楼层出挑，建造吊廊或吊楼等，进一增加平面布置的变化。在主体麻栏之外，尚在火塘间附近开门，向外架设一个晒排，或另建一单独的谷仓，这点与西南各少数民族的习俗相同。

靖西地区的麻栏，形制较龙胜为小，以三开间者居多，而且外墙多为夯土墙或土坯墙，不设阁楼。平面布置为前堂后卧室的格局，室内用炉灶，不设火塘。这种三开间的麻栏，往往是数家联排地设置。凭祥、龙州地区麻栏与靖西相似，但用料简陋，多为茅草顶、编竹墙。而且房前有晒排与堂室相连，与越南民居类似。后期的壮族麻栏吸收汉族民居手法，逐渐向地居方向过渡，产生一种半楼居式的麻栏，即下部的架空层仅为一半，其余一半楼层坐在台地上，类似苗族的半边楼。其围护结构多砖石化或用夯土墙。居住层平面布置采用汉族的中堂侧房形制，此式麻栏多采用在武鸣、宜山、都安一带山区中。至于居住在广西平原地区的壮族逐渐采用了与汉族同样的平房或合院式建筑。

侗族民居　侗族居住在广西、贵州、湖南三省交界处，以贵州黎平、从江、湖南通道、广西三江等县较为集中。这个地区四季气候明显，晨昏多雾，日暖夜凉，有较大的温差。侗族村寨多选在山坡地建筑，顺山势等高线呈台阶式布置。每村皆在冲要处建立多层檐的鼓楼。各村鼓楼选型皆不相同，成为侗族村寨的重要标志。楼内置鼓，遇有重大事件，可击鼓报信。鼓楼前面的晒坪是全村人民踩堂、祭祖、集会、议事、对歌、娱乐的中心（图2-220、图2-221）。

全村民居皆围绕鼓楼建造，疏密相间，高低错落。鼓楼造型兼取阁楼与塔楼之样式，平面有四方、六角、八角等式，个别也有长方形者。下部为聚会之厅堂，有梯可达二层，以上诸层皆为层层叠叠的密檐，逐层收小，结顶为一独立的小屋顶，密檐皆为单数，多者可达17层，高达20米。其结构原则，皆以中心四根攒天柱为根本，周围辅助檐柱及穿插梁枋皆汇交于中心柱，原则虽一，但变化万端。著名的鼓楼有三江马胖鼓楼、亮寨鼓楼。鼓楼多为一寨或一地区，一族姓共同集资

图2-220　广西三江马安村鼓楼前广场

图2-221　广西三江巴团寨鼓楼前广场

图2-222 广西三江华练寨鼓楼

图2-223 广西三江独峒乡牙寨鼓楼（侗寨）

兴建的，集体享用（图2-222～图2-224）。一般一寨一楼，但也有一寨多楼的，如贵州黎平肇兴大寨，即有五座鼓楼，按仁、义、礼、智、信命名，分属五个宅姓。

侗族村寨临水设的木桥，皆为有屋顶的廊桥，又称风雨桥。侗族的风雨廊桥的结构皆为石墩、木叠挑梁式桥。层层挑出的枋木，桥侧临水的靠椅，以及屋顶形样各异的桥亭、桥廊，组合成一组组优美的立体构图。其中著名的有五座桥亭联

屋的广西三江程阳桥，人畜异道过桥的三江巴团桥，多层披檐的平岩桥，具有牌楼门式的湖南通道盘土桥。此外，每个侗族村寨在入村的主要入口处尚设有寨门，较大的村寨尚建有节日演出侗戏的戏楼。在交通冲要处建有凉亭以供行人休息。有的村寨内尚建有祭祀先祖神——萨天巴神的祖母堂等。由于造型各异的鼓楼、风雨桥、戏台、凉亭组合在全村干阑式民居之中，使得侗族村寨在总体上比其他采用干阑式民居的苗、壮族村寨

图 2-224 贵州丛江侗族村寨

图 2-225 广西三江程阳乡程阳桥

更有丰富的艺术表现力（图 2-225）。

侗族民居为木构干阑式，构架为穿斗结构，悬山，小青瓦屋面，2～4 层不等，结合地形高下，采用不同高度柱脚，可以做成天平地不平，或天地皆不平的干阑架。一般底层架空，围以木栅，做畜圈、副业及杂务之用，上层为居室，顶层有的作为阁楼（图 2-226）。入口多安排在侧面，进入二层的外廊，外廊宽 1.5～2 米，与堂屋空间相连，是全家起居活动的空间。居室内主要房间为堂屋，煮食、喝茶、喜寿及交往皆在堂屋进行，堂屋中设火塘。而卧室较小，分间设置，设在堂屋旁或楼上，全宅平面布局较灵活，可以沿走廊布置堂屋与卧室，也可由楼梯直入堂屋，然后进入套间卧室，还有的在每间卧室中安置楼梯，可通楼上，形成跃层式处理。侗族民居外观与壮族类似，有些方面亦有自己的特色。下部普遍有卵石基座。喜用挑廊、挑窗或吊楼，有不少凸出的悬挑部分。同时大量应用披檐，凡挑廊、吊楼以及挑窗上方皆有护檐，山面亦有披檐，廊檐重叠，安排随意。黎平一带的侗居多数为三层，第二、三层平面皆逐步挑出若干，形成上丰下窄变化的外观。若与其他干阑式民居相比较，侗居外观表现出光影虚实变化的对比趣味很强，建筑尺度也较壮族民居为小，亲切近人。外部无油饰彩绘，古朴自然。封檐板有弧形升起，封檐板下缘刻作卷花，板面并刷白色，与灰色屋面的对比强烈（图 2-227）。

分布在贵州锦屏一带的侗居亦为干阑式，因受汉族民居的影响，多采用三开间的落地穿斗架方式。中间为堂屋，左右分别为卧室，厨房及杂用房间，完全是汉族分间式的布局。但同时又保留了外走廊、望楼及晒排（晒台）等侗家的生活习俗。

苗族"半边楼" 黔东南一带为苗族聚居地，在雷山、台江及清水江流域尚保留着传统的民居形式。苗族村寨多依山据险而居，房屋随地形布置，道路弯曲自然，无明显的中心。苗居为干阑式穿斗架结构。一部分为全楼居式干阑，下部分架空；但大部分为半楼居，即底层前半部架空，

图 2-226 广西三江巴团寨侗族民居

图 2-227 侗族民居示意图

图 2-228 贵州凯里二桥村苗寨

图 2-229 贵州苗族半边楼示意图

后半部坐于台地上,当地俗称为"半边楼"。这种类型可灵活选用地形,附崖建造,挖填相济,节约土方,配合以高低不同的干阑柱脚以及挑梁,可以在坡度很陡的地区建造房屋,具有极大的适应性(图 2-228 ~ 图 2-230)。

苗族半边楼多采用五开间制度,共有三层,下层架空部分围以木栅,做畜圈杂务使用,有翻板门可直通楼层堂屋。栅前又接建晒台。中层为居住层,中心为堂屋、卧室、厨房、火塘间等。堂屋前有一凹廊,称退堂,即相当于壮族的望楼,为家人乘凉、眺望之处。有外楼梯直上居住层。上层为阁楼层,贮存谷物之用(图 2-231、图 2-232)。

图 2-230 贵州雷山朗德上寨芦笙坪村民跳舞（苗族）

苗族的民居与壮、侗族属一个系列，只不过是因地形复杂，寻找平坝建房更困难，故多发展半边楼式的干阑，而且吸收汉民的分间原则，将厨房、火塘间分设。苗居造型尚保存有古老的传统作法，例如屋脊向两端翘起，各柱有向心的侧脚，喜用歇山屋顶，翼角微有上翘等做法。

此外在黔南布依族苗族自治州的红水河北岸的山区里，布依族亦喜欢用半边楼的方式建房。

土家族民居　土家族居住在湘鄂川黔四省接壤地区，武陵山脉纵贯其间，其中以居住在湘西

土家族苗族自治州内各县最为集中，其他如吉首、凤凰等地多与苗、汉杂居。湘西地区四季分明，降雪期短，无霜期达 240 天／年，雨量充沛，适于农作物的耕植。长期以来，土家族与苗、汉各兄弟民族融居在一起，友好往来，相互借鉴，共同开发湘鄂西山区，在生产水平及生活习俗方面渐趋一致。

土家族民居多依山就势，"坐北朝南"或"坐南朝北"，很少东西房，一般为三间一字式，或有五间者。中间为堂屋，是祭祖、迎客及办红白喜事处，迎面后墙设祭祖神龛。堂屋多为原生土

图 2-231 贵州雷山朗德上寨杨宅（苗族）

图2-232 贵州雷山千家寨苗族民居

地面。左右次间称"人间"，为住人的卧室。地面为架空约 600 毫米的木地板，临外檐的石地栿上开有古钱式通气空洞。进深较大的民居，人间又划出前后间，分别住人。右边人间前半为灶房，地面上架有木制的火炕（火铺），火炕中心用砖或石砌一炕框，中为火塘，塘内置三脚架，为做饭之处。故此间又称火炕屋或火铺堂。全家坐在火铺上，围着火塘炊作、吃饭。火炕上方悬一木烘架，以烘烤食物。住房内皆铺木地板，使用矮坐具或蹲在地上操作，这些作法都带有席地而坐的遗风。民居构架为穿斗式木架，落地建造，前

后檐有较大的出挑，多利用天然弯曲材制成挑木。上部作阁楼，以放置杂物及粮食。最有特色的是山区民居多在正屋前左右两边接建厢楼，形成Ⅱ形平面。在正屋前围出一小块晒坪。厢楼实际是利用屋前地形高差建造的干阑式架空楼阁，故当地人习称之为吊脚楼。室外有单独楼梯上下。下部饲养家畜，上部做储藏、子女卧室或织机房。厢楼的开间、进深皆较小，进深只不过是正屋次间的开间大小，但围绕厢楼的二面或三面皆有挑出的楼廊，二面廊者称"转角楼"，三面廊者称"走马楼"。廊柱悬垂在挑木上，不落地。厢楼上装

图 2-233 湖南永顺土家族民居

图 2-234 湖南永顺王村土家族民居

图 2-235 湖南永顺王村尚宅前檐（土家族）

饰有花窗及栏杆，屋顶做成歇山，山面朝前，翼角高翘，檐封花板，是全宅的装饰重点。临楼眺望远山近水，花木农稼，是全家观景、自娱之处（图 2-233～图 2-235）。

土家族民居虽为落地分间的木构房屋，与汉族民居类似，但其民居中保留火塘、吊架、木地板、席地而坐及干阑式的厢楼等作法，说明其仍是在干阑房屋原型基础上，吸取汉族建筑的技术而发展融合成的一种民族的新民居形式。类似的现象也在滇西南瑞丽一带居住的阿昌族民居中反映出来。阿昌族早期民居为干阑式，但与汉族长期交流融合，其民居亦为三间，一堂两卧落地式平房，抬梁式木构架。正房带前廊，明间为堂屋，次间或厢房为厨房。但是堂屋中仍保留火塘、吊架。院中配属的厢房仍是二层干阑房，下养牲畜，楼上贮草，说明仍保留有干阑房的遗存。

景颇族民居　景颇族多居住在云南潞西、盈江等边六县。景颇族村落多选在海拔 1500～2000米的高山上，气候温和，雨量充沛，雨季较长。其民居为架空的楼居形式，依架空高度分为高楼与低楼。低楼民居楼面架空约 600 毫米，竹木为构架主要材料，片竹、圆竹做成围墙。平面为长条式，在山面布置入口，悬山式双坡草顶，脊长檐短，呈倒梯形外观，屋面坡度陡峭达 450，出檐达 1 米，四壁低矮无窗。多用原木或竹筒为架，极少装饰，外形粗犷简朴具有原始风情（图2-236）。每户多为单独一幢房屋，谷仓、碓房、畜舍多建于他处。在现存实例中以低栏式民居历史较久。其平面布置特点是，在山墙入口处有宽阔的前廊，日常副业、编织、舂米、乘凉皆在此处。前廊的屋面悬挑出来，三面临空，也有在两侧加建竹筒墙的。廊前支持山尖屋面的中柱十分突出，用料粗大，习惯以中柱的粗细标志房屋的等级或居住者的财富情况。有独木梯由地坪上至前廊。居室内平面分隔有两种，一为纵向分隔为两半，左半安排客房（堂屋），右半安排分间极小的卧室和厨房；另一种为横向分隔为三部分，前为厨房，中为客房，后为卧室，客房中布置火堂及吊架。房间的分隔多用竹栅、竹席，隔墙高度不到顶，居室内无床铺、桌椅，席地而坐，围绕火塘烤火聚会、待客。靠居室后部设单独的厨房，内设火塘、炊具等。景颇族民居结构为三列纵架式，即将成列的中柱和两侧檐柱埋入地下，柱头托纵向长檩，顺坡搭设绑扎长椽，盖以茅草。

高楼式民居受傣族的影响，楼面架空高约 1.6

图 2-236　云南瑞丽团结乡下寺喊村景颇族民居

米，下空处可作圈养牲畜及贮藏杂物。平面布置及构造与低楼式相同，但多附建一个竹制晒台。

景颇族的干阑式住宅构件材料保持自然形态，表面粗糙，不加修饰，有些民居门上还挂有兽骨，表示户主的狩猎技能。景颇族这种纵长的干阑建筑带有浓厚的棚居的建筑特色，为研究干阑建筑中多种文化融合过程，提供有益的参考材料。

德昂族民居　德昂族集居在云南西部潞西等边六县的山区，因这里属亚热带气候，雨量充沛，盛产"龙竹"，故民居多采用竹材为构架的高栏式干阑式建筑，个别有以木梁柱为骨架的。其构架方式类似傣族竹楼，多为长方形平面，无中柱，横向设立竹材绑扎或木穿斗式单榀屋架，以编竹为壁，歇山式草顶，木竹楼面。下层圈养家畜，

图 2-237 云南瑞丽德昂族民居

图 2-238 云南西盟佤族民居

上边住人（图 2-237）。其厨房往往在平地另建，接在干阑楼房的后面或与之共用一个屋顶。这种建筑形式明显受瑞丽一带傣族民居影响。少数地区的德昂族民居后边厨房的屋顶做成椭圆形，俗称"毡帽顶"，这种处理又与佤族民居相近似。说明清代时期各少数民族地区间的经济发展与形式交流皆较前代活跃。德昂族民居的另一值得注意的现象是尚保留有父系大家庭共居的"大房子"形制，一个大家庭可由三四代有血缘关系的小家庭组成，过着集体生产，共同消费的生活，家庭人口最多可达八九十人。这类住宅的现存实例也十分稀少，据下寨乡姚老大家可知这种大房子平面布局为纵长形，前后有晒台。入门后中间走廊为堂屋，设火塘两具，为平时吃饭、烤火、聚会之处。走廊两侧为各小家庭居室以及留客的休息室及谷仓。这类大房子跨度较大，已知最大的大房子长达 50 米，宽约 15 米。新中国成立以来社会逐渐进步，大家庭已逐步解体，改为小家庭经济独立营作，分灶吃饭，但同一血缘的几个小家庭仍愿共住在大房子中，十分珍稀历史遗留下来

的团结互助的生活。

应用类似的大房子民居形式的尚有澜沧地区的拉祜族、德宏州的景颇族、勐海的布朗族、西双版纳州景洪的基诺族。

佤族民居 佤族主要聚居在云南西南部，澜沧江与萨尔温江之间怒山南部的"阿佤山区"，西盟和沧源为其主要聚居地。此地区属亚热带气候，终年无霜，雨量充沛，达 1500～3000 毫米／年。以农耕为主，属封建领主社会。佤族已进入一夫一妻小家庭制度。宗教信仰是原始的自然崇拜，有巫师主持宗教仪式。其民居形式为竹木结构的干阑式建筑。竹笆墙，独木梯，竹楼面，竹椽草顶。建筑物外附有平台和晒台，内部不分间，睡、餐、劳作皆在一起。但楼面设两座火塘，一为主火塘，供炊作烤火，终年不熄；一为客火塘，专为客人煮饭兼作猪食及祭祀鬼神时用。入口有三个，客门为主要入口，火门可通晒台，晒衣服，鬼门通平台，一般正对家人的墓地。佤族民居造型特色十分突出，其平面两山呈椭圆形（西盟地区为半

图 2-239 云南西盟岳宋村佤族民居

椭圆形,澜沧地区为整椭圆形)。屋顶为椭圆形的四坡顶,坡度陡翘,垂檐深长,几乎没有墙壁(图2-238、图2-239)。甚至在新中国成立后所建的新民居依然保留了椭圆顶的外貌。在屋顶上部作出小的山尖,并有呈交叉状的博风板钉在山尖处,正脊草束两侧有压条杆、屋脊牙以及插销木等,这种屋顶构造与云南晋宁石寨山出土的小铜房屋顶十分相像,同时与日本的神社造草葺顶的构造亦十分相近。由于佤族的鬼神崇拜十分盛行,"拉木鼓"、剽牛"砍牛尾"、"砍人头"祭鬼活动都是全寨人的大活动。凡事皆占卜看卦祈示吉凶,因此在民居建筑上也有不少表现。例如各村寨皆有几个木鼓房(亭式建筑),鼓房侧立有十多根顶端呈斗状的粗竹竿,上面供放人头;村寨中心有寨桩和寨心亭,为全寨祭社祭祖时举行仪式的地方;头人的住宅形体较大,且装饰物多,博风板上雕刻花纹,板端刻燕子形象,交叉点上安放一个骑马的裸男像,以表示对飞禽及祖先的崇拜;房屋四壁为木板壁,而且以牛血、石灰、木炭画出人形及牛的形象。

朝鲜族民居 朝鲜族集居在吉林省延边自治州,人口约 70 余万人。其民居以单体建筑为主,没有形成合院,也无围墙,散落在村镇中,布置自由灵活。房屋朝向较随意,但大部分住房沿道路而建。房屋有前后门,前后皆留出一定范围的空地,供作杂用,两端山墙空余地极少。由于气候寒冷,居民的生活不以庭院为中心,而以室内为主。

朝鲜族民居平面为横长矩形,以四开间者居多,个别有拐角房。主要房间为定居间,为日常起居之处,又做长辈、客人的卧室,房内有炕桌、衣柜,定居间面积较大。在定居间右边布置居室,为子女卧室兼有储藏之用。在其左边为厨房,厨房地面埋有铁锅两口,厨房与定居间设推拉门,隔而不断,空间混为一体。厨房内的灶台与地坪同高,而烧火坑较室内地坪低下 1 米。农村住宅在厨房外尚有牛舍及草房。定居间之外设有木板地面的外廊,为居住者脱鞋处。按廊子设置的情况分为中廊房(廊子设在中间两间或三间)、偏廊房(设在一侧)及全廊房(全部房间设廊)。外廊约高 0.6 ～ 0.7 米,而室内地面约高 0.4 ～ 0.5米,故进门须倒下台阶一步。根据房间的多少可有八间房(五开间)、六间房(四开间),以及通间房的不同平面类型。房屋为抬梁式木构架,歇山或庑殿式瓦顶或草顶,为防风吹,在草顶房上加盖草绳网或草帘子,这是朝鲜族民居的一大特色。外墙为夹心墙,即木柱间安壁带木,两侧编制柳条笆或绳笆抹黄泥砂子,表面抹白灰,当中填入沙土。所以民居外观为原色木柱、白墙、灰瓦,十分清雅美观(图 2-240 ～图 2-242)。

图2-240 吉林朝鲜族民居村落

图2-241 吉林朝鲜族民居外观

图2-242 吉林朝鲜族民居室内

朝鲜族民居多门而无窗，以门代窗，外门为纸糊条栅棂格门，纸糊在外面，室内门为双面纸糊推拉门。居室地面全为地下火炕，与灶台相连，在室外设立木板烟囱排烟。家人席地坐卧。家具极为简单，墙壁内设立壁柜。各房间彼此相套，没有明确的交通面积。

朝鲜族民居是我国北方唯一保持席地而坐生活习惯的民居形制，同时也是北方民居中尚保留草顶或瓦顶歇山式或庑殿式屋顶的民居形式，这两点都反映出古代民居的影响。

黎族"船形屋" 黎族是一个古老的民族，世居海南岛，地区气候湿热，台风大，年降雨量是为 1800 ～ 2000 毫米。由于长期处于刀耕火种的耕作状态，劳动与分配实行"合亩"方式，即同一氏族合在一起种田，平均分配，生产力低下，逐渐被汉族逼迫，由沿海地区退居五指山区，集居在保亭、乐东、琼中三县交界处。黎族为小家庭制度，住宅规模很小，在屋边空地围成小院，其他粮仓、牛栏、猪舍、寮房（青年恋爱交往的房子）皆分布在住宅群外围，整个村子围以木栅。黎族住宅有三种形式，即船形屋、金字屋、砖瓦屋，其中最古老、最代表民族特点的是船形屋。

船形屋保留在五指山中心地区，特别是白沙县，南溪峒一带。外形像一条被架高起来的纵长的船，上面盖着茅草篷顶，半圆拱顶下垂至脚，无墙壁。门外有船头（作为晒台前廊使用），内部间隔像船舱，前后有门，但无窗。整座房子用木柱支撑离开地面，架空地板为竹片或藤条编成，船形屋外有木梯上下（图 2-243）。

图2-243 海南琼中黎族船形屋

其平面布局，由前廊与居室组成。前廊是船形屋山墙退后一些形成的凹廊，有的有矮墙的半船形屋，将篷顶出挑，亦可形成前廊。前廊为堆放农具、木臼、鸡笼等杂物，亦可防止飘雨。日常起居、编织、副业等亦常坐在前廊。入口门扇设在前廊左侧。居室内不分间，睡房在入口右侧，三块石头砌成的"三石灶"在床对面，灶周有食具、水缸，灶上有烘物架。室内家具极少，仅有吊钩吊架陈放物品。室内光线极暗。个别船形屋在后部分隔出一个杂物间。其构架方式是，在山面用三根木柱，托顺身方向直梁，上搭半圆拱圆木，架竹檩、椽，盖茅草而成。地板是单独立柱架构起来的。其前后山墙可用稻草辫挂泥墙，亦有用竹编墙、椰叶墙的。船形屋进一步改造，吸收汉族民居三角形人字架，出现纵向外墙，即成为金字屋，以及由纵向墙开设入口的砖瓦房。

二、碉房式

居住在青、甘、川、藏高原上的藏族所采用的民居，是以石墙和土坯为外墙，屋顶为平顶的

形制，远望如碉堡，故俗称为碉房。碉房的历史比较久远，汉代即有"邛笼"之称，清代乾隆时，派兵攻打大、小金川（今四川西部），因当地藏民的房子易守难攻，使战事数度受阻，故亦称之为"碉房"，至今藏族居住地区仍习用这种形制。在藏族村寨中，往往还有一些专司防守的碉楼与居住的碉房彼此连属，互为策应，也是从防守角度出发的。碉房一般为三层，底层为畜圈，二层居住用房，三层为佛堂和晒台。块石外墙，门窗狭小，平顶屋面，制作粗朴是其外观的特色。碉房建筑在历史发展的两千余年间，并无太多的发展，仅在清中叶以后，中华版图内各民族的文化融合加深，才有了某些变化。如西藏碉房受尼泊尔的影响，增加了木制挑台；甘南藏居受回族建筑影响，上半部朝南面改为木制外檐装修，内部有木制回廊及推拉的花棂格木窗等。根据各地区自然条件的差异，碉房式民居可分为西藏碉房、四川藏居碉房及甘肃藏居碉房等不同类型。另外四川茂汶羌族亦习用碉房。

拉萨碉房民居　西藏碉房可以拉萨地区作为代表。拉萨地区海拔标高为3650米，空气稀薄，但阳光充足，气候温和，且年变化小，但日温差变化较大，俗称"一年无四季，一日见四季"。在拉萨河谷地带，东西向风为主导，因此住房多南向。雨量中等，晴日较多。其民居多为外廊式的二三层平顶楼房，组成一字式，或T、L、Π、口、日等带院落的形式，其平面组合不追求轴线对称，只是依照地形，根据生活需要自由发展构成均衡的构图。进深与面阔皆以2.2米左右为模

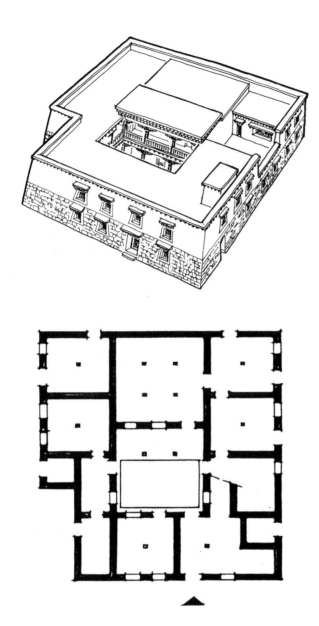

图 2-244 西藏藏族民居示意图

数，组成正方形格子柱网平面，其中尤以中间立一柱子的 4.4 米 ×4.4 米柱网为基本单元，藏族人民称之为"一把伞"，即四面为承重墙，中间一柱支承纵横设置的梁枋。居室是最主要的房间，位于最好的朝向，为睡眠、起居、贮藏数种功能在一起的房间，部分尚包括佛龛、厨房。碉房层高较矮仅 2.2 ~ 2.4 米，家具有卡垫床、小方桌、藏柜等，尺度亦较矮小，并可多用、拼装。例如，卡垫可作坐具亦可作床，可拼成单人床、双人床、靠背椅等，床褥在白天皆贮藏起来，卡垫床变成座位。居室之间的隔断墙皆不到顶，厨房与居室毗连，多由厨房进入居室。厨房内有炉灶、水缸、牛粪槽等。厕所多设在上层住宅的一角或者与住宅分离另建，彼此之间以天桥联系。厕所为旱厕，下层设粪坑，由街巷入内淘粪。外廊宽约 2 米，有长、短、凹廊等，楼梯布置在外廊内，一般交通、晒衣、家务一些简单的生产活动皆在外廊内进行（图 2-244）。

拉萨碉房为城市型藏居，故一般不设置畜圈，郊区及各县农民所住的碉房其畜圈皆设于底层。贵族、领主的大型住宅多将卧室单独设置，还有经堂、仆人卧室、浴室、车库、作坊等内容，经堂占据居室的最高位置。在主楼前面多用两层的廊屋围成方形庭院，用为养畜、储存及家奴栖身处。一般庄园主的住宅也在主楼前用围墙围出庭院（图 2-245、图 2-246）。

西藏民居的结构为 2.2 米 ×2.2 米柱网，石砌外墙承重，内部梁柱组成平行外墙的纵架构架，然后横向搭密肋楞木，铺板。梁柱接合为榫接，各层构架独立，但上下层柱位相对。横向刚度靠

图 2-245 西藏拉萨中心居住区

图 2-246 西藏拉萨八角街民居

图2-247 西藏拉萨贵族住宅

较厚的外墙（0.5～1米厚）支持。外墙为花岗石毛砌，平整面朝外，黏土浆砌，墙身外部微有收分，内部垂直壁立，施工时不立杆，不挂线，全凭工匠的施工技巧。屋面为黏土夯实，上边拍打当地产的垩嘎土一层。屋面有微坡，用溜水槽排水。

拉萨市区内尚有一种毗连式碉房联排建造，共用墙身，密度较大，多为领主的出租房屋。西藏其他各地民居与拉萨地区类似，但多为一二层，结合地形建造。山南地区庄园主宅邸主楼外围以高墙及壕沟，做成城堡形式（图 2-247～图 2-249）。

西藏地区这种碉房式民居的外观十分雄伟，石墙到顶，墙面刷白色，只有檐部刷红褐色边线，石板挑檐，顶上设宝瓶、香炉，四周有挂旗幡的树枝。外墙上开小窗洞，上小下大呈梯形与墙面收分相协调，窗口四周涂黑框，窗上由2～3层小木椽叠砌，形成窗檐。碉房的窗槛墙较矮，在窗下部设木制栏杆。临街民居常有出挑式窗套，挑出墙面0.5米。入口设在院落边角。

图2-248 西藏扎囊朗色林庄园

图2-249 西藏萨迦民居

图 2-250 四川丹巴甲居藏寨嘉绒藏族民居村落

四川藏族碉房　　聚居在四川西部的阿坝自治区和甘孜自治州的藏民达 80～90 万人，是国内主要集居区之一，是藏族中较大的族群，聚居在南部的称木雅藏族，北部的称嘉绒藏族。该地地形为青藏高原的一部分，海拔约 4000 米左右，山高风大，天气寒冷，年积雪时间约 200 天左右，降水量仅为 250～400 毫米之间。但日照充足，日照率全年达 50% 以上。本地区也是地震多发区。藏民多从事农牧业，信仰藏传佛教。以上自然社会条件对该地区民居形制有极大影响。其居民点多建于山腰台地及河谷平原边缘地段的向阳南坡，以少占耕地，避风向阳为原则（图 2-250）。在坡地上碉房多垂直于等高线分级筑室，分散布置，分层出入，没有明确的巷道。一般每户单独建造，互不毗连。平面多为方形或长方形，面积小，不设院落，高度多为三层，北部地区碉房可达四层（图 2-251～图 2-254）。层高为 2.3 米左右。底层为畜圈、草料房。一门进出，不开设窗户，仅借助门口采光，十分黑暗。二层为主室、梯井、贮藏及敞间等。为居民的主要生活空间。主室内

图 2-251　四川康定新都桥木雅藏族民居

图 2-252 四川康定新都桥木雅藏族民居

图 2-253 四川丹巴甲居藏寨嘉绒藏族民居

图 2-254 四川丹巴梭坡藏寨嘉绒藏族民居

图 2-255 四川丹巴甲居藏寨嘉绒藏族民居室内

图 2-256 四川丹巴甲居藏寨嘉绒藏族民居室内

包括起居、睡眠、饮食、待客、劳作皆在一起。二层居室的墙外悬挑出一个小木屋，作为住户的厕所。三层为经堂、贮存谷物的敞廊及利用二层屋顶做成的晒台（晒坝）。某些多雨地区则在晒台上加设木瓦坡屋面。四层的碉房中的二三层皆为起居及贮藏，有的住户以二层为冬室，三层为夏室。由于川西地区高寒、多风，故民居多取南向，北、东、西三面外墙不开窗，顶层处理为西北两面建房留南面平顶做晒坝，顶层屋顶上还加设了女儿墙，这些都是为了防风的措施。而南向多为木装修，开设门窗。阿坝州南部地区碉房多在二层以上作挑楼、挑廊、晒架、晒台等。有的碉房是逐层加挑以争取更多的使用空间，形成更为活泼的立面造型。四川甘孜藏居内部家具喜欢用壁架、壁龛、壁橱等依壁的家具，减少对室内空间的占用。低矮的床具顺墙安置，床前有火盆及矮几，沿墙有炉灶，南向向阳面多不设家具。而阿坝藏居则不用床榻、矮几、火盆等，只在房间中央设火塘，围塘席地坐卧（图 2-255、图 2-256）。四川阿坝及甘孜藏居的结构有所不同，甘孜藏居是以木构架为主，木柱间距为 2.3 米，呈方格网布置，木梁枋、木楼板，内部分间为木板壁，外部石墙仅为围护结构，独立在木构之外；而阿坝藏居为木石混合结构，片石墙为承重墙，因此底层、二层、三层的分间是一致的，仅在需要大房间的空间内加设木柱、主梁，一般房屋最大跨度为 5 米。本地区喇嘛所住的住宅与农民住宅类似，因人口简单多为两层碉房，下层为畜圈、贮藏，上层为主室、经堂、贮藏、晒台。尊贵的喇嘛还另辟一间卧室。阿坝州的金川、小金川、丹巴一

图 2-257 四川丹巴梭坡藏寨嘉绒藏族碉楼

带的藏寨受羌族的影响，亦习惯建造碉楼，以作为防御的措施。碉楼为块石干砌，有各种形状，如方形、八角形、星形、凹身六角形等，高度可达四十余米（图 2-257）。

四川藏族碉房有其地方风格，外形简洁高耸，顶层四角设立三角形的"嘛呢堆"，并微有起翘，窗户为矩形窗，但窗周有梯形白粉饰边。阿坝藏居的顶层女儿石墙亦刷白色。而甘孜藏居顶层多有短木椽挑出的护檐。二楼居住部分有木装修及挑楼，对外开设较大的窗子，并与石墙产生了对比效果，较西藏地区碉房的外观更富于变化情趣。

甘南藏族民居　在甘南自治州大夏河流域的夏河、合作、卓尼、临潭一带，农业区和半农半牧区的藏族居民亦习用平顶楼房式民居，应属碉房的系列。这个地区的海拔高度在3000米以上，谚称"6月炎暑尚著棉，终年多半是寒天"。气候较寒冷，因此民居更注意防寒问题。藏民多选向阳山坡居住，俗称"藏民住一坡"。日照时数亦较短，但木材资源较丰富（图2-258、图2-259）。

民居多为两层小楼，上层居人，下层养畜及贮藏。居住用房有堂屋、居室、经堂、贮藏等，冬季堂屋围炉而眠，夏天老少夫妻各归自己居室

图2-258 甘肃迭部藏族村落经幡

图2-259 甘肃迭部扎尕那村远景

寝卧。其结构方式仍采用藏族碉楼的方格形柱网的布置系列，柱距约为 2 ~ 2.5 米左右。堂屋较大，约占 6 ~ 9 个方格，居室占 2 ~ 3 个方格。内部隔墙为装板木墙，用枋料分隔成不同的方格，不涂油漆。外檐为固定的棂格窗，个别为可平开窗扇，尚有一种水平推拉的窗扇，平拉开后可掩盖了窗的两侧墙壁，装饰效果突出。其棂格图案为方格加45°斜棂格图案，复杂精美，显然是受回族民居的影响。楼房与院墙结合围成各式院落，紧密结合地形起伏之状。全部外墙选用夹砂黄土的夯土墙。内部全用木构架、平顶、密檩、木板墙、木顶棚、木地面，可称为"内不见土，外不见木"。但在甘南近四川地区的雨量增多，其平顶民居之上又加设木板坡顶，以减少雨水对土质平顶的冲刷，是一种因地制宜的措施（图 2-260 ~ 图 2-264）。甘南藏居呈现出坚实、浑厚、雄伟的风格与青海庄窠式民居有类似之处。其外墙很少开窗，夯土墙选用细泥抹面，层数较矮，内外檐装修方面吸收更多的汉族民居的处理方式，与西藏、四川碉房有着不同的艺术特征。

图 2-260 甘肃临潭公巴村尕拱巴宅

图 2-261 甘肃迭部藏族民居

茂汶羌族民居 茂汶地区属四川阿坝藏族自治州管辖，为岷江上游的河谷地带，一般海拔在1300 - 1500 米之间。气温偏低，雨量稀少。羌族世居此地，现仍有 5 万余人，信仰原始的拜物教，无庙宇等建筑物。羌族与藏族本为同源，其民居形式亦采用碉房形式，随山坡等高线布置，分台筑屋，布置密集，有时几座碉房共用墙身，屋顶拼联相通，具有更坚固的防守功能，有的村寨建有独立的碉堡高达 30 ~ 40 米。

图 2-262 甘肃朗木寺藏族民居

图 2-263 甘肃朗木寺藏族民居

图 2-264 甘肃夏河拉卜楞寺僧房窗格

羌居多为二三层的楼房，以片石或夯土筑墙，平面呈纵长方形。羌族民居的结构体系为木柱梁枋平顶构架，一般柱距约2～3米。外围石墙或土墙。墙顶多以石板封护，并略出少许滴水线脚。屋面为黄泥屋面。

内部布置有定则，底层为牲畜圈，中层为居住房，上部为敞开的照楼和晒台，因不信佛教，故无经堂之设置。居住层布置正房、厨房、卧室、储藏。正房是主要起居间，面积最大，内部装修考究，四周墙面装以木拼板，正中墙面有供祖先

的神位。厨房在正房之后，有灶台、餐桌、火塘。有的民居采用藏居的布置，厨房与正房不分，做饭起居皆在一起。卧室一般在正房之左侧，面积小，因其隐蔽暖和仅作为冬季睡卧之用。羌居朝向一般朝南，除南面外其余三面不开窗，以防风（图2-265～图2-267）。

羌族民居外观具有显明特色。外墙为片石墙、夯土墙或下石上土的混合墙体。装饰极少，朴素明朗。各层随地形呈阶梯形，层层退进，层次丰富，与川藏的立方体形碉房不同，而且有的住宅相互

图 2-265 四川理县桃坪羌寨

图 2-266 四川理县桃坪羌寨羌族民居

图 2-267 四川理县桃坪羌寨羌族民居

毗连或相邻住宅构建过街楼，某些民居顶上还有碉堡，群体关系变化多，轮廓起落跌宕。顶部后照楼的后墙突起，以抵御北风，后墙正中及院墙门上砌有白云石，为羌族崇拜的"白石神"的象征，极富装饰效果。此外汶川县以南的羌居门窗形式、等厚的墙身、穿斗式的柱梁结合、企口楼板都明显地接受了汉族匠人的技术。

三、井干式

即以原木垒叠，直角交搭组成四周墙壁的房屋，因其类似古代的木制井栏，故名井干式。

井干式是一种较古老的民居形式，在原始社会时期即已应用，从云南石寨山出土的贮贝器的纹样上即有井干式房屋的式样。汉武帝时曾以这种构造方式建造过高楼，称"井干楼"。目前仍是世界上森林茂密地区常用的民居形式，如俄罗斯、加拿大、北欧、瑞士等国山区。在我国东北大小兴安岭地区、漠河等地沿黑龙江地区，吉林、长白山等地区，云南北部、西部地区皆存在着井干式民居，如纳西族、傈僳族、普米族、独龙族、怒族、藏族、彝族、白族、鄂伦春族等皆部分使用井干式建造住房（图2-268～图2-270）。此外西藏墨脱县的门巴族、珞巴族人民亦采用井干式住房。至今在云南楚雄地区大姚县咪尼乍寨尚保留有全寨皆为井干式民居的村寨。此种民居具有就地取材，加工简单、迅速，若准备工作得当，一日即可建成一幢房屋。其构造方式是以原木（或砍成扁圆形、半圆形、半月形、六角形、方形等断面形式）直角交搭，层层相压，在角部挖榫扣压，构成墙壁，是国内唯一以木墙承重的民居形式。因各地地理环境及取材的不同，各地井干式房屋尚有一定区别。黑龙江兴安岭地区的井干房体型雄大粗犷，用粗大的原木构成墙壁不加修饰。而吉林地区的井干式房屋形体较黑龙江省稍小，用

图2-268 云南南华马鞍山井干式民居

材亦较细，遇有材料不够修直时，则在材间加用小垫木或用灰泥抹缝。云南井干构造精细，用材经过修饰，多呈六角状，材径亦较小，而且有楼房建筑。井干式房屋的平面以两开间横列者居多，无疑这是一种原始居住布局形态的残余，也是稳定井干结构所必需的。井干房为保证结构的稳定性，开设门窗较少。东北地区多在每间开设一门或一窗，而云南地区仅开一门，兼顾出入及采光，故室内较昏暗，其上阁楼层亦全为暗楼。在开门窗处需另外加设垂直框料与木墙相接。

东北地区井干房的屋架为在木墙和大柁上架三个长短不等的瓜柱支顶檩木，称之为"三炷香"式。檩上钉椽，铺木柴棍，苫泥背80～100毫米，上铺羊草。这种草顶房要求檐薄脊厚，两山檐口亦须加厚，沿脊及两山用木压杆固定，以免风吹草散。此外也有用木板瓦顶或桦树皮顶。东北林区气候寒冷，室内采用火炕取暖，屋外设立中空树干为排烟的烟囱。敦化一带的原木墙内外多涂草拌泥，使墙体保湿性能更好。我国极北部的漠河一带井干房内部吊有顶棚，板上铺锯末，进一步加强了保温性能。云南彝族垛木房的屋面比较简单，一般有松毛顶、麻秸顶，现这两种作法已经少见，大量的是用闪片顶（即刀劈的长木片）、瓦顶。保温性能差一些，室内主要靠长年不熄的火塘取暖。

丽江摩梭人民居 在云南丽江东北宁蒗县的永宁地区居住着纳西族的一个分支——摩梭人。他们还保持原始母系氏族社会的残余，实行着男不娶、女不嫁的阿注婚姻制度。晚间男方到女方

图2—269 吉林敦化井干式民居

图2—270 云南福贡拉美尼村傈僳族井干式民居

家中过对偶生活，白天仍回本家劳动，女方生育子女由女方抚养，家庭经济由年长的妇女（即老祖母）执掌。本族不分家，共同劳动，集体生活，所以家庭规模皆较大，一般十余人，多者达数十人。摩梭人受藏族影响，信仰佛教。摩梭人的住居亦为四合院式，一般坐北朝南，为了多纳阳光，主室（正房）开间为三、四、五间不等，正中堂屋设火塘，为就餐、休息、聚会之处，周围还设置了储藏粮食、饲料及工具的仓储房间，所以进深可达10米。厢房及倒座房均为两层，西厢房下层为柴房，上层为经堂；东厢房下为畜厩，上

图2-271 云南宁蒗泸沽湖纳西族摩梭人井干式民居

图2-272 云南宁蒗泸沽湖摩梭人井干式民居

为储藏；倒座房下为大门，上为单间卧室，供阿注婚男女居住。因为居住的人多，储藏多，故摩梭人的民居院落皆比较宽敞，院内可饲养鸡鸭及小牲畜（图2-271、图2-272）。

摩梭人的住房为井干式木墙结构，房屋构架是井干构架及梁柱构架结合的形式，多数房屋设有前檐柱廊。双坡顶，黄板木屋面，悬山式山面挂有悬鱼。近年来的建筑也开始用夯土墙代替一部分木楞墙。一些人口稍少的家庭，也可建成三合院、两合院的。在这种民居形式中保存了许多原始社会的残余形态，在民俗学、历史学及建筑史学上具有极重要的参考价值。

怒族民居 居住在云南怒江一带的怒族，因山高地寒，亦居住井干式民居。为了适应坡度较大的地形，先在坡地上打桩立柱，上面铺板建造平台，再在台上建井干式的房屋。这种方式尚保留有巢居的遗绪，当地人称之为"千柱落地"，也可说是干阑建筑与井干建筑的结合。有的怒族

民居不用木柱平台找平，而是在基层夯筑土墙，土墙上建井干式住屋，称为土墙井干民居。一般井干房为两间，外间设火塘，为起居饮食及待客之处，内间为卧室及储藏间，平台下的空间可圈养家禽牲畜，或存放农具物品。怒族井干房的木墙很少用原木，而用矩形的厚木枋，接缝严密，外观整洁，保温性能加强。其屋面有草顶或木板顶（图2-273）。

图2-273 云南高黎贡山怒族井干式木垛房民居

图 2-274 新疆布尔津喀纳斯湖图瓦人住宅

图瓦人民居 居住在新疆北部阿尔泰山山麓蒙古族分支的图瓦人，亦居住着井干式房屋，一般不分间，平面以方形者居多，亦有五角形、六角形、八角形的。以大木平铺成平顶，上面为覆土甚厚，中间留一方形气孔，复以木板。食、宿起居全在一室，室内支有火塘。这种单间多角形的井干房可以看出图瓦人对蒙古毡包的留恋之情，只不过是用木墙来复制毡包之外形。近年来出现多间的矩形井干房。为了解决覆土屋面防水不佳的现实缺点，在屋顶上支搭出木板瓦的坡屋面，屋面山尖内的空间用于储藏，这也说明民族的建筑文化随着环境状况的改变亦会产生新的面貌（图 2-274 ～图 2-276）。

图 2-275 新疆图瓦人井干式木屋

图2-276 新疆布尔津喀纳斯湖图瓦人住宅

土掌房 云南红河州元江、峨山、新平一带彝族居住的民居称之为"土掌房"。这是一种土墙、土顶，外墙无窗的两层楼房，屋顶为平顶，一部分可以做晒台。这种住宅与藏族的碉房有着密切的关系，同时居住该地区的哈尼族、汉族、傣族等亦采用土掌房的形制。看来这是一种依附于地区自然气候条件的民居形式（图2-277、图2-278）。彝族家庭为一夫一妻制的小家庭，民居形制比较小，一宅一户，分为有内院和无内院两种形式。无内院式的土掌房也有正房、厢房、院子的布置，正房两层，厢房一层，类似一颗印的三间两耳房。但院子是有顶的，在上部开天窗采光，内部光线极差，形成这种形式的原因是因当地气候炎热，避免直接的日晒，同时又增加了晒台的面积，节约了用地，对防盗窃亦有益处（图2-279、图2-280）。正房的中心间为堂屋，做敞口厅形式，两侧为卧室，楼上为贮粮的谷仓，木板基层上铺土楼面，有门可通厢房屋顶的晒台，两厢房为厨房、贮藏杂用等项。有内院的土掌房多为曲尺式，三间正房，两层带前廊，厢房三间，屋顶为晒台，两建筑间围出庭院。土掌房结构为木柱、木梁之上平行摆放密肋楞木的平顶结构。外围护墙为土坯墙。土掌房外观的最大特色即全为泥土的形象及平展的晒台平顶，窗户极少，底层不开窗，二层仅开小窗。在外墙顶部与平屋面之间留出缝隙，以为通风换气之用。实际上这种民居可以说是一种泥制的棚屋，可获得阴凉的室内小气候。

在红河州靠南部的元阳、绿春、红河等县，因降雨量逐渐增多，年降雨量达1600毫米以上，属热带气候，因此居住此地的哈尼族人创造了一种坡顶与土掌房相结合的民居形式。正房（主要房间）三间，为两层草顶或瓦顶的悬山式或四坡式房屋。其草顶房坡陡脊短，远望如菌帽。在坡顶下有泥土楼面的阁楼层。有防水、储粮食的功用。中间为堂屋，两侧为卧室。正房前部有土掌房形式的厢房，厢房为二层，下为畜圈，上为贮藏，顶部可作晒台晾粮。正房与厢房随地形设置，有较大的高差。这种形制是土掌房在多雨地区的发展变异。

图 2-277 云南元江土掌房村寨

图 2-278 云南元江哈尼族土掌房

图 2—279 云南元江哈尼族土掌房

图 2—280 云南元江哈尼族土掌房

第三节　集居类民居

这是一种大型民居。即由于某种客观因素，如防备盗寇或外人的侵扰或宗族血缘的紧密联系，而全族人居住在一起的居住组群，也可说是古代的集合住宅。每幢住宅内居住着同一宗族的成员，少则十余家，多则百余家，内部配备有水井、畜圈、祖堂、厅屋等建筑，并有族长统一指导管理的生活集体，把居住、族祭、贮藏、饲养、用水、防御等各种社会的，物质的生活内容全部包括在内。民居本身就是一个封闭的小社会。每个家庭的经济生活独立，分灶就少。集居类民居皆有自己特有的构图模式，雄大、防卫、多层、简约是其外观的主要特征。打破了一般院落式民居的习惯图式，是一种极具艺术魅力的民居类型。这类民居多分布在闽南、粤东、赣南等客家人聚居区，以及福建漳州、广东潮汕一带的汉族聚居区。只不过是汉族集居式民居内有的不建祠堂，在户型上亦受传统独院式民居平面布局的影响，建成一家一户单元式布局的大楼屋。集居类民居与北方为防盗而建的寨堡不同，北方寨堡是因地缘因素，围绕乡村四周建立堡墙等防御工事，而村内仍是自然村的布局，各户生产、生活仍为独立经营的。

集居式民居与大宅院也不同，各地富豪巨绅的大宅院是在传统的合院式或厅井式等独院民居的基础上按照一定的布局规律，反复重叠地将各院落集合在一起，以增加居住面积，外观面貌变化不大，仅是规模增大。家庭虽大，但经济上是统一体，一锅吃饭，因此平面上卧室、杂用房增多，但厅、厨仍为统一利用。

集居类的民居又可分为土楼式、围屋式、五凤楼式、围垅屋及杠屋诸式。

方、圆土楼　即楼房的集居民居，高者可达四层，甚至五层，一般为木构架，夯土承重外墙。外墙坚厚封闭，除大门外极少开窗，顶层有作枪眼用的小窗，易守难攻，防御性能极强。居民多为南迁的客家人。属于此类民居的有圆形土楼、方形土楼及层次变化更为丰富的五凤楼式样。流行地域多在闽南永定、龙岩、上杭一带，仅福建龙岩适中镇即有 360 余座大土楼。此外福建的华安、南靖、漳浦等地的汉族居民，亦采用土楼式民居，以防盗匪而采用的高大的土楼形式（图2-281～图2-288）。

图 2-281 福建永定湖坑乡洪坑村振成楼

图 2-282 福建南靖河坑村裕昌楼

图 2-283 福建永定古竹乡高北村侨福楼内景

图 2-284 福建南靖田螺坑村

图 2-285 福建永定初溪绳庆楼

图 2-286 福建永定高陂乡上洋村遗经楼

圆形土楼平面为环形，规模大小不等，其中规模最大的是建于1709年的永定承启楼。其直径达70余米，用三层环形房屋相套，房间达300余间，盛时住80多户，600余人。外环房屋高四层，底层作厨房杂物用，二层储藏粮食，三层以上住人。各层内侧以回廊相通，按每一开间的一至四层为一组分配给住户使用，人口多家庭可分配两开间，有公共楼梯解决上下交通。内部其他两环仅高一层，亦按户数分配使用作为杂物及饲养家畜之用。环楼中央为圆形祖堂，供族人议事、婚丧典礼及其他公共活动之用。土楼内尚设有水井（图 2-289 ～ 图 2-291）。其结构为土木混合结构，外墙用厚达一米以上的夯土承重墙，与内部木构架相结合，并加设若干与外墙垂直相交的隔墙，以增强其刚性。屋顶为环形双坡瓦顶，出檐极大，以保护土墙免受雨淋。因安全需要，外墙下部不开窗，上两层开小窗及射孔，底层开三

图 2-287 福建漳浦旧镇锦江村锦江楼

图 2-288 福建永定湖坑乡洪坑村福裕楼

座大门，厚木板门扇，并有防火措施。外观坚实雄伟，类似一座座堡垒。显出其突出的防御性质，满足在山区内防匪、防兽的功能要求。圆形土楼中由于地形或资金限制，亦有作成半月形状，如诏安秀篆乡南洞楼。

圆形土楼为一整体筒形结构，十分稳固。圆楼内二层以上的回廊层层向内挑出，产生向内的倾覆弯矩，全楼形成向心的内聚力，使围楼的整体性大大加强，说明客家土围楼不仅布局独特，造型雄浑，而且结构上也是十分成熟的，现有的土楼有的长达200～300年的修建历史，仍然屹立在闽南群山之中。

方形土楼在布局上与圆形土楼相似，只是平面呈方形或矩形。正门大门外多围成前院。南靖县梅林山脚楼是典型的实例。土楼高五层，内圈有回廊，四角设楼梯，祖堂在中心，圈成一个天井院，但祖堂的正厅退入方楼的底层，以扩展祖

图 2-289 福建永定古竹乡高北村承启楼

图 2-290 福建永定古竹乡高北村承启楼内院鸟瞰

图 2-291 福建永定古竹乡高北村承启楼入口

堂天井院的空间感觉。有些方形土楼因地形限制可以做成Π字形，例如南靖石桥村的长源楼（图2-292、图2-293）。有的方楼在顶层部分增设一些对外的木装修、挑台栏杆等，以丰富立面造型。还有的方形土楼扩大了门外的埕院，将学塾等内容亦包括在内。

在漳州地区仍有多户汉族人家为了防卫需要结堡而居，构成大圆形平面的实例。如华安县仙都乡的二宜楼，圆形土楼直径为73.4米，内分十二个单元，每一单元都是一座前三后四的三层

图2-292 福建南靖书洋乡石桥村长源楼内景

图2-293 福建南靖书洋乡石桥村长源楼

图 2-294 福建华安仙都乡大地村二宜楼全景

合院建筑（图 2-294、图 2-295）；又如华安县的南阳楼是分为四户人家的圆楼，每户分为前五后五的双堂制式，但后堂为三层楼的五间房带两耳形式。此外福建闽南及粤东尚发现有用潮汕的竹竿厝的单间平面形成的大圆楼，如云霄县树滋楼，潮安县铁浦区东寨，以及单间竹竿厝形成的大方楼，如潮安县永盛楼，石丘头寨等。

汉族土楼与客家土楼有所不同。客家土楼多为内通廊式，公用楼梯，族内各户用房彼此联通，

图 2-295 福建华安仙都乡大地村二宜楼内庭院鸟瞰

关系密切，每户占用垂直的一组用房，数量相同，具有均等的倾向，楼院中心多为全族共享的祠堂建筑。而汉族土楼的每户住宅多为单元式，每户占用圆周（或方周）的一段，规模不等，自组院落，自用楼梯，具有较强的私密性，楼院中无祠堂，多为公共晒场。

赣南围屋　居住在江西南部的客家人亦建造同族集居的房屋，称为围屋。围屋一般高三四层，平面为方形，围屋中心皆有庞大的祖屋建筑群，因此没有开阔的场院。外墙为砖石或三合土夯筑的承重厚墙，内为木构架，四角建有凸出的角堡，外墙不开窗，顶层具有射孔，防御性极强。方形平面、角堡、砖石外墙三项特点是围屋与土楼的不同之处。围屋流行地域在江西的龙南、全南、定南及寻乌等地，也扩展到毗邻的广东省始兴、连平地区。

在广东南雄一带山区中，有一种防御性的"围"式建筑，实际即为长方形大楼，虽然宅主并非客家人，但构造方式与福建客家类似。因当地缺少良土，习于用卵石、块石或砖来砌楼，这种建筑外墙全不开窗，只在四层以上顶层的四角设岗楼、射孔，称"火角"，并斜向突出墙外，其防御性极强。围式建筑内部仅有各户居室、厨房等，有水井，无祖堂。天井院落狭小，光线阴暗。在围式建筑前有完整的"三堂两横"式民居院落及祖堂、畜圈等建筑，作为日常全族居住之用。仅在匪患猖獗临难危急之时，全族移居"围"式建筑内，据楼固守退敌（图2-296）。可以说这种围式建筑是临时居地，是碉楼、望堡的扩大

图2-296　广东南雄始兴乡石下村李氏围屋

化。这种"围"式建筑大约兴起于震撼东南大半个中国的太平天国战争时期，地主、富农为了自保而修建起来的。

五凤楼　主要分布在福建永定县，以高陂的"大夫第"最为完整。五凤楼全部平面由左中右三部分组成，"三堂"位于中部南北中轴线上。下堂为门屋，门屋后为狭长的天井院，左右配以敞廊。中堂为全族集会之处，前面敞向天井。后边为四层主楼，高耸在中轴线的北端，为全宅最高建筑，可俯瞰全宅，为家长的居处。左右部分为横屋，客家人称之为"两落"，分别由三个平面形式相同的单元沿纵向拼接组成。横屋呈阶梯状，由三层逐步跌落为两层、单层，其屋顶为歇山式，山面向前。在三堂和两落之间形成狭长的院子，前后有出入口，中间以廊子、漏窗相隔断，分隔成小型天井院。五凤楼的布局显然是从福建、广东一带盛行的三堂两横式民居发展而来，增加

图 2-297 福建永定高陂乡大塘角村大夫第大厅

图 2-298 福建永定高陂乡大塘角村大夫第侧院

图 2-299 福建永定高陂乡大塘角村大夫第

了体量和层数，扩大了规模。整个住宅布局规整，条理井然，屋面参差，主次分明，犹如一座巨大的太师椅，背依在青山丛绿中，显现出古朴庄重、和谐统一的艺术风格（图 2-297～图 2-299）。

围垅屋　围垅屋亦是客家人合族居住的集体式住宅。即是在三堂加横屋的基础上，后面接建半圆形的围屋，呈围拢之势，故名围垅屋。围垅屋皆建在坡地上，后面的围屋向前倾斜，有如太师椅一般坐落在山坡上。围垅屋主要分布在广东梅县、兴宁等地。

其布局特点为中间由三座堂屋并列作为全宅布局的主干，最前为门屋，中间为祖堂，后部为主楼，为族长居住以及紧急情况全族避难之所。中轴两侧各为纵向的横屋，每边若为两列横屋，则称之为三堂四横，最多可达三堂六横式，规模大者可居数百户。在一些规模较小的围垅屋民居中，中心建筑亦可是两堂屋或单门楼，其后堂亦可是平房。大门前面围出一块庭院，称前埕为禾坪、晒场，有的宅院在前埕前方建立倒座房，作为收贮谷物之用。有的前埕建有围墙，左右建有斗门，形成封闭的埕院。前埕前方为半圆形的池

图 2-300　广东梅州棣华居围垅屋

塘，可以养鱼，亦可起到排水、消防等项作用。在住宅后方建一半圆形房屋与两横屋的后山墙相环接，称为围屋，围屋根据横屋的多寡，可以单围亦可以双围，甚至三围。围屋所包围的半圆形坡形院落，称为胎土，是客家族人视为神圣的地方。各户皆住在横屋中，围屋按情况分配给各户作为厨房、杂务之用。主楼高达四层，而横屋可以是单层或二三层，整个住宅布局态势为前低后高，中轴对称，主从分明，又富于变化。这类住宅选址往往在山坡一侧，依坡而建，当地又称之为"太师椅"，建筑顺坡而下十分有气势。宅后遍植竹林果树，苍翠葱郁，作为全宅的背景。愈发烘托出全宅布局的雄阔（图2-300～图2-302）。

此类住宅的主立面变化十分丰富。一般五间门屋的屋顶分作三段处理，外墙亦做成凹凸状，入口处作出凹入式门斗，大型民居尚有一对石柱，各横屋的山墙朝向前方，对外的墙面皆有贴砖及精美的脊饰。围垅屋的结构大部是砖墙夯土墙承重，木檩条搁置在墙上的混合结构，仅部分厅房为木柱抬梁构架。

杠屋 杠屋式民居通行于粤东、粤北一带，这也是客家人喜用的形式。杠屋的平面布局为纵向排列数列房屋，组成一个集合式民居，供全族人居住。列间为狭长的天井院，每列前三间组成一天井院，中间为敞口厅堂，作为本列住户的会客、聚会等公共活动空间。天井院后隔一矮墙，其后所有房间皆为住户，每一开间为一户，一般为两层，下为厨房，上为卧房。在后部有公共楼梯交通上下，二层有回廊串通。每列天井院有单独对外的大门。这类住宅内不设祖堂，在村内另辟地建宗祠建筑，同时也无严密的防御措施；规模大小自由，并不断扩建与分化，最小的两列杠屋又称合面杠，平面十分紧凑（图2-303）。规模大些的有四杠屋、六杠屋，甚至有规模更大的。杠屋可以左右添建，后部续建，此较灵活。据分析，杠屋是由梅县客家人居住的锁头屋发展而来。锁头屋即是单幢的纵向横屋，可长可短，前端入口为门厅，后端为厨房，横屋各间为卧房。横屋前为纵长院落，通风较好。假如数列锁头屋并列联建，即成杠屋，可合族居住。杠屋结构为砖墙

图2-301 广东梅州东华庐围龙屋

图2-302 广东梅州承德居后围屋

硬山搁檩阁楼栅的混合结构。

另外还有一种横列式的客家人集合民居，多应用在始兴、南雄等地。即以一组三堂式住宅为中心，布置门屋、大厅、祖堂等项内容，当地人称之为众厅，是全族公共活动的地方。沿三堂房屋的山墙向两面展开，形成联排式房屋。视财力不同每户占用一间或两间。这类横列式房屋多为两层，一层为住房及厨房，楼上为贮藏。最前一排对外不开窗，最后一排后墙只能开高窗，各户门窗皆开设在列间巷道中。行列式民居选址多在地形有高下之处，前低后高，后方栽植竹木或樟树而前方多植榕树。厕所、猪栏、鸡舍不在众厅行列内，多在邻近处建纵列横屋两三列。这类房屋是硬山搁檩式结构，各户间共用山墙，而且是逐步接建起来的，因此行列端头不一定对齐。

图2-303 广东梅县程江乡葵明村潘氏杠屋

第四节　移居类民居

是指某些以游牧、狩猎为生的居民的住屋，因其生产的特点决定了其必须随时移动迁建，而不固定于一地。规模小，重量轻，便于移动、运输、搭建是其特点。多为蒙古族、藏族、鄂温克族牧民习用。属于此类的民居有毡房、帐房、撮罗子（仙人柱）等。毡房俗名蒙古包，是一种可以随时拆合的圆形住宅，以木条做成轻骨架，外边覆以毛毡，适用于逐水草而居，随时移动居地的游牧民族采用。此外，在甘、青、新疆等地因夏季比较温暖，牧民们尚采用另外一种帐篷式的活动房屋，以黑色牦牛毡为篷布，称之为帐房。

毡包　亦称蒙古包，是一种很古老的住居形式。世纪初居住在中国北方的匈奴人、乌桓族，以及西域诸游牧部落皆以毡包为住屋，公元五世纪的鲜卑族及公元11世纪的契丹族，亦是以毡包为住屋的。13世纪蒙古人崛起漠北，进而统一全国建立元朝。蒙人的住居——毡包在多项文献中皆有详细的记载。如《马可·波罗游记》中称"蒙古人结枝为垣，其形圆，高与人齐，承以椽，其端以木环结之，外复以毡，并以马尾绳系之，门亦用毡，户永向南，顶开天窗，以通气吐炊烟，灶在中央，全家皆寓此居宅之内……"。根据上述描写，与今日的毡包的形貌已完全相同无差了。又据文献记载，当时的毡包有两类：一是可拆卸式的，二是车载固定式的。固定式的毡包又称行帐，大的行帐直径7.6米，装在车上，须用22头牛来拉运。蒙古可汗定居的大毡包又称

金帐，其内部有四根大柱支承屋顶，"支柱以金片相裹，然后用金键将其他支柱钉在一起"。四面悬以垂幕，辉煌耀眼。帐前树立象征战神的黑缨大矛，门内右侧设酒局（包括桌、玉制容酒器、酒壶、酒杯等）。12世纪以前的蒙古族尚处于血缘氏族阶段，全氏族共同生活、放牧、屯驻。全氏族毡包围成环形，可达数百座，长老毡包居于中央，这种聚落称之为"古列延"。建立元朝以后，奴隶制向早期封建制过渡，氏族瓦解，这种氏族大聚落形式亦渐次改变为大家庭式的群落。或自由的个体式放牧点。游牧范围亦渐固定。清代怀柔蒙古，建立蒙古八旗，上层人士升为王公、贵族，领有封地，开垦务农，他们居住的王府亦为四合院式的固定房屋，与汉人无异。王府院中仅保留一两座毡房，以示民族特色而已。至于广大牧区仍在使用毡包。

毡包的产生和当地的生产方式、气候条件和材料状况分不开。蒙古族以游牧生活为主，居住点需根据水草丰美的放牧点而定，必须经常迁移，冬季为了躲避严寒也必须迁至向阳背风的地点。当地建筑材料缺乏，木材须靠内地供应，牧区可利用的特产为羊毛毡，因此发展了用木条做轻骨架，羊毛毡为覆盖的，可拆卸、可运走的毡包。

毡包平面呈圆形，直径有4米及4.8米两种，室内四周围以毛毡，地面铺毡2～3层，起居坐卧皆在毡上。入门右侧为缸罐、炊具；左侧为马靴、马鞭等，中央设火架或火炉，围炉进餐。按蒙古

族习惯正对门口靠后壁的毡面为主人坐卧处，东侧为妇女以及女客的坐席，西侧为男客席，箱柜散置于后壁，佛像供在主人前右方柜子上。壁体高度仅 1.5 米，故室内家具均很低矮。室内采光通风全靠顶部空窗。毡包内的取暖多用火炉或火架，也有的在包内地下挖火道，在包外设焚火口及烟囱烧牛粪取暖，实为火地形式。近代亦有将火炉与火炕相连，包内生火，顶部树烟囱排烟，每包为一夫一妻及子女居住，兄弟及新婚子侄另建新包。群包中长者居西侧包。群包之外，以勒勒车或木棍围成院落。院外有畜圈，形成临时的居住地。

毡包壁体骨架用直径约 1 寸的桦木或柳条编成网状体，节点用骆驼皮条串结。圆形壁体可分割成数片，每片在拆卸搬运时可将它收拢成捆。每片网体约 5 尺高 7 尺长，称为"哈那"。最小的毡包壁体为四片哈那组成，称"四合包"。大的毡包可用十二片哈那。屋顶部分则是用许多细木撑条，撑住中间环形的"套脑"而成，形同雨伞。顶盖与撑条联结亦用皮条串结。木条与壁体以皮条绑扎牢固以后，再以毡绳沿整个壁体围匝一圈，增加骨架抗风能力。骨架外覆以毛毡，以毛绳捆扎牢固。每个毡包只要一二个小时即可拆卸或安装一次，搬家只需二三辆牛车。蒙古族统治阶层所用的大毡包不仅体量大而且是固定的，顶部毛毡上缝制出各种花纹图案，毡包前方尚与一座坡顶的木板房相连，作为入口的前厅。少数实例尚有琉璃瓦装饰（图 2-304 ~ 图 2-307）。

图 2-304 内蒙古地区毡包

图 2-305 内蒙古呼和浩特四子王旗葛根塔拉草原毡包

此外在蒙古草原的某些地区牧民是定居的，故蒙古包亦由活动式改为固定式。伊克昭盟（今鄂尔多斯）地区的固定式蒙古包是以柳条编织的壁体骨架两面墁灰泥，顶上以柳条为骨，上铺羊草做成三段式的屋顶（图2-308）。而在呼伦贝尔盟、哲里木盟地区地处高寒，其固定式蒙古包用土坯或草垛泥为墙，草泥顶，包内设半面火炕。与当地汉满的习惯相近。

图 2-306　内蒙古呼和浩特四子王旗葛根塔拉草原蒙古包内景

图 2-307　内蒙古呼和浩特四子王旗葛根塔拉草原毡包军帐

图 2-308　内蒙古伊克昭盟乌审召定居蒙古包

　　在新疆的哈萨克族、柯尔克孜族的牧民亦采用毡包。其构造方法与蒙古族毡包相同，但细部处理不尽相同，例如包顶撑竿的下部呈弧形与壁体骨架柔和相接；壁体骨架在围壁毡之前，在内部衬围芨芨草帘一层，有的草帘尚编出颜色图案，使内部亦呈现出装饰效果；再则其顶部的顶圈亦较蒙古族轻巧；室内布置有卧床，一般进门

图 2-309 新疆布尔津喀纳斯湖畔哈萨克族毡包

图 2-310 新疆布尔津哈萨克族毡包

图 2-311 新疆布尔津哈萨克族毡包

右上方为长辈床位，右下方置炊具、食品；左上方为晚辈床位，左下方放马具、打猎用具；而正上方置马靴、衣箱、被褥、枕头等，前面铺毡垫，是招待客人喝茶，休息及夜晚住处。而柯尔克孜族的毡包比蒙古族、哈萨克族的毡包略高，顶部呈尖状，具有空间宽敞凉爽，容易排除雨水，冬天不积雪等优点。此外围毡为白色，忌用黑色或灰色。并在顶部篷毡下垂处挂一圈宽 0.5 米的补花长毡条，毡条下缘系有数十个红色长缨作为装饰，使洁白的毡包更为丰富美观（图 2-309～图 2-311）。

帐房　帐房是由支柱撑起幕布，四角用拉绳提起而形成的帐篷。由于提拉的部位及数量不同，可以产生各种形状的帐房。幕布厚者为牦牛或羊毛线织成的毡布，为防寒帐房；幕布薄者为棉布制成，为夏日帐房。最早的记载见于《魏书》，书中称居住在川北、青海一带的宕昌羌人，"居有屋宇，其屋织牦牛尾及㲋羊毛复之"。即是说其幕毡有黑褐色的牦牛毡，亦有公羊毛制的白毛毡。与今日所见的帐房用材相同。夏日帐房亦可作为贵族领主游乐时，搭设在"林卡"（园林）里，或郊野之地，藏语称之为"拂庐"。唐永徽五年（公元 654 年），吐蕃曾献一座华丽的大拂庐给朝廷。从历史资料来看，同为游牧民族，北方的匈奴、鲜卑、突厥、蒙古、瓦剌等族多习用毡包；而羌、藏、西南夷、吐谷浑、附国、吐蕃等则习用帐房。因为帐房拆卸方便，至明代亦传至内地，士大夫郊垌射猎，文武大臣出行巡边，甚至大内之内赏花较猎亦搭设帐房，但内地之帐房多为布帛为顶。

清代帝王在"木兰秋狝"的行围射猎时，除建立大型毡包以外，亦使用华丽的帐房作为行营旅舍。

现今青、甘、川、藏等地的藏、羌牧民，仍在使用着帐房。牧民们常选在地势高爽，水草丰盛的地方建帐。帐篷多为长方形或多角形，其构造方法有两种，一种帐内有一根或两根帐杆支顶，高约3米左右，形成攒尖或起脊。然后四角以毛索拉扯帐篷腹部，形成四角或多角。以木杆撑高拉索，以使帐篷顶部向上鼓胀，帐脚棚布以木钉固定在地上。帐房一边设门，门上悬有护幕。帐顶上顺脊处开一长形天窗，采光排烟，夜晚则以护幕遮盖。四川藏区多此类帐房。另一种帐内无竿，帐顶、帐腹全用高矮不同的支竿拉索牵引起来，形成帐内空间。帐顶亦留有空隙，以备采光通风。甘青藏区多用此类帐房（图2-312、图2-313）。帐房四周建0.5~0.8米高的草甸土墙。室内地面铺毡或兽皮，平时皆坐卧其上。中心为石砌或泥块砌的火灶，灶后为神龛，灶左住男人，灶右住女人，贮装生活资料的牛毛袋则沿帐房四周堆放，同时可堵塞帐房四角空隙阻寒风透入。一般帐房拆卸卷叠后，用一两头牦牛即可

图 2-313 青海湟中青海湖畔藏族黑帐房

图 2-314 青海湟中青海湖畔藏族夏日帐房

图 2-312 甘南迭部藏民帐房

运走。帐房集居点以部落为单位,数十户住在一起,每户人家有 3～4 个帐房,呈圈式布局。土司、头人帐房则由若干大帐房组成,分别为卧室、办公、会议等专用帐篷。在夏河、共和一带或四川藏区的帐房棚布是用黑牦牛毛做成的黑毛毡。而新疆哈萨克族用的帐房棚布是白毛毡,毡上有蓝色图案装饰。此外藏民遇有节日、集会、出游时尚可随时建造一种更轻型的帐篷,以白色棉布制作,临时支顶,拆卸方便(图 2-314、图 2-315)。

撮罗子 居住在内蒙古呼伦贝尔盟的鄂温克族和鄂伦春族人,以狩猎为生,活动在大兴安岭林区。他们穿驯鹿皮制的衣服,吃鹿肉、熊肉,饮鹿奶,这种艰苦的游猎生活迫使他们采用一种简易可行的居住方式-撮罗子。撮罗子又名"仙人柱"、"斜仁柱"。"斜仁"在鄂伦春语为木杆之意,"柱"是屋子。撮罗子为圆形尖顶无墙的高约 3 米,直径约 3.8 米的帐式棚子,四周以 25～30 根 5～6 米长的松木杆呈攒尖方式支成棚架。支架时首先将六、七根顶端带杈的杆子互相咬合支立起来,倾斜 70°左右,其余斜杆架在这六七根木杆之间,形成骨架。外面覆以一层桦树皮,天气寒冷时尚须在树皮外再包一层毛毡或兽皮(狍子皮)(图 2-316)。撮罗子的门开在日出的方向,内部席地而坐,地面铺松枝及兽皮,亦有安置低矮的木架铺位的。棚屋北面是玛鲁神的位置。中央设置火塘上吊铁锅做饭,铁锅是以铁链挂在带杈的架杆上,冬天在帐内做饭,夏日移在帐外。撮罗子顶部留有空隙,以通烟气及采光。帐外松林间设有用几根松树杆支起的横架,存放粮肉、物品。上用树枝做成的半圆形架子以桦树皮封盖起来,以活动梯上下。可以说是空间仓库。平时无人看管,其他住户如有暂时困难,亦可取用部分食物,日后归还,不必经过主人同意,表现了游猎民族的团结互助精神。鄂温克族人及鄂伦春族人游猎在林区,没有大型的运输工具,仅用驯鹿和雪橇驮运,因此不可能从远处运输笨重的建筑材料进山,必须完全依靠大地所赐予的天然材料,就地取材用松木或桦木杆及兽皮建造居房,撮罗子就是最可行的合理的居住形式。

图 2-315 四川康定七色湖藏族夏日帐房

图 2-316 黑龙江鄂温克族撮罗子

第五节　特色类民居

特色类民居是由于某些特殊条件的影响而形成的民居形制，虽然流行地区有限，不是大规模的分布，但表现了民居对客观环境的依存关系，形成与众不同的特点。决定性的影响因素有建筑材料、用地状况、气候条件、文化取向等。其中最重要的是建筑材料，当地民众只能用当地可能获取的最便宜的建筑材料来建房，在古代某些交通不便的地区更是如此。属于特色民居的有窑洞、吐鲁番土拱房、石头房、竹筒屋、吊脚楼、高山族民居、庐居、水棚、大理土库房、海草房等。

窑洞　窑洞即是在黄土断崖处挖掘横向穴洞的一种民居形式，古代称之为"穴居"。穴居是很古老的居住方式，古代文献中早就有"穴居野处"，"陶覆陶穴"的记载，从考古发掘中已经发现了大量的原始社会袋状竖穴遗址。在山西夏县亦曾发现距今四千年前横穴居民点遗址。据11世纪文献记载，当时陕西武功一带的窑洞居住区分布范围达数里之遥，居住人口达千余户人家。窑洞民居因其具有施工简便，造价低廉，冬暖夏凉，保持生态，节约良田等优点，虽然在采光通风方面有一定缺陷，但在北方黄河流域中上游少雨的黄土地区，仍是居民的普遍选择，约有四千万人居住窑洞。挖掘窑洞必须依靠土层深厚的断崖，故甘、陕、晋、豫一带黄土原是我国集中建筑窑洞的居住地区。这些地区的土层厚度皆在50～200米之间，挖掘窑洞的地质条件较好。同时地处北纬34°～40°之间，冬冷夏热，气候干燥，季相明显，而窑洞民居在调节温度、湿度方面又有良好的效果，故窑洞是人民习用的民居形式。窑洞民居是一种紧密与自然结合的依附于大地的民居，它在黄土中凿出空间，它没有一般建筑所具有的形体和轮廓，在其艺术风格中突出表现的是黄土的质感美和内部空间构成的巧妙性，具有粗犷，淳朴的乡土气息。居住窑洞的主要是汉族居民，少量的回民。

窑洞式民居可划分为几种形制。靠崖窑，即在黄土断崖壁上挖出的横穴；平地窑，即在平地下挖一个4～5米深的窑院，在窑院四壁再挖横穴；锢窑，即仿窑洞形式，在平地上起拱发券造的房屋，可用土坯券或砖石券；新疆吐鲁番土拱民居，即类似锢窑结构。

靠崖窑又称靠山窑，有的地方称之为土窑。它的构造方法是在天然土壁上向内开挖的券顶式横洞，至于窑洞的尺度，一般窑宽为3.3米，窑深为6.6米，窑高为3.6米。但根据地区实际条件各地皆有增减，一般甘肃、陕北等干旱地区尺寸偏大，而河南、河北较湿润地区尺寸偏小。但窑顶上至少留3米以上的土层。根据土质的情况，窑洞顶部可以是平圆、满圆或尖圆等不同矢高的拱顶。作为单窑使用时，通常将整个窑洞分为前后两间，中间隔以半截土墙。前室为起居与厨房，在窑门的左侧砌灶及布置面案、桌椅等物，后室为卧房及储藏。若双窑并联使用时，往往在两窑间挖出过洞，形成H形，以一孔为主屋做起居，就餐用，有窑门通院外，另一孔则作为卧室，

图 2-317 山西临县李家山村窑洞

图2-318 山西阳城皇城村窑洞

仅开窗向外,窗下安置床炕。若三孔窑相并用时,各孔可独立用房,不相沟通,中窑较宽大用为起居室。此外窑壁上可挖出大小不同的小龛,放置用具。也可在侧壁挖高宽各2米,深1米的龛洞放置板床,称为炕窑,也可挖出大小不同的拐窑,以存放杂物。这些都是土窑洞不断扩大空间面积的措施(图2-317、图2-318)。

大部分靠崖窑洞皆为一字排列在崖壁上,但根据崖面的曲折情况,亦可形成两面挖窑的曲尺形及三面挖窑的凹字形。此外有的窑洞外也多用土墙围成小院或者在院内布置若干锢窑式房屋组合成三合院、四合院,称之为靠崖窑院。院内安排农村副业活动,锢窑可作卧室、厨房储藏等用。在土层深厚的崖壁上,还可以挖成上下两层的窑洞,上层称天窑,上下窑之间有楼梯通达。

窑洞口处理视业主财力可以简繁不等,简单的仅为将原土墙清理整齐或用土坯墙封护,中间开门窗洞口。较富裕人家可在窑洞正面土壁上砌有条砖的护崖墙,俗称贴脸,墙顶尚挑出简单的瓦檐,各地区贴脸具有不同的形式。例如,甘肃

图 2-319 山西平陆张店侯王村地坑院

图 2-320 山西平陆张店侯王村地坑院

地区为土或草泥抹面窑脸，土坯砌的窑洞前墙，开设一门一窗，上为通气小窗，十分简朴；而陕北及山西则多为贴砖窑脸，窑前墙除槛墙以外，为整券的木花格装修，棂格图案变化多样，具有浓郁的乡土艺术风貌；豫北窑洞多为砖砌窑脸，仅留一门券（木门上带亮窗），门券上尚砌贴柱披檐等，并有精细的雕砖，可以说窑脸是窑洞表现地区特色的一个重要方面。也有的在土窑洞外接长一段石窑或砖窑，称为咬口窑。

平地窑洞是在黄土原区干旱地带，并且没有冲刷山沟可利用挖掘横穴的条件下，农民巧妙地利用黄土直立边坡稳定屹立的特性而创造的一种窑洞形式。具体作法即是在平地上向下挖深坑，使四面造成人工土崖，然后向各土崖面的纵深挖掘窑洞而形成的民居。也可以说这是由竖穴与横穴组合而形成的窑洞形式（图 2-319、图 2-320）。平地窑的各孔窑洞的窑脸全深藏于地平面以下故较靠崖窑更为隐蔽，谚语称之为"上山不见山，入村不见村，只闻鸡犬声，院落地下存"，又称"院落地下藏，窑洞土中生"。这类窑洞多流行于河南北部，甘肃东部，山西西南部，陕西中部等地缺少断崖的地区。由于受到地形的限制，平地窑院的形状有方形、长方形以及较特殊的T字形、三角形等。最小的窑院面积仅4米见方，大的长至15米，深度约在5米以上。通用的窑院为9米×9米和9米×6米两种，9米见方的每面挖两孔窑洞，共8孔，9米×6米者共挖6孔。窑院布局类似北方通行的四合院，以北窑为上，用为起居和长辈卧室，东西厢窑洞为卧室、厨房和储藏室，南崖除入口外，多挖作厕所、畜圈等。挖平地窑洞的土方量较大，故尽量采取措施减少土方工程，例如正面三孔窑洞的两边孔，仅露半孔在院内，减少窑院的宽度；窑洞的地坪低于窑院的地坪0.5米，皆是节约土方的措施。平地窑院的入口皆须挖筑坡道进入天井院内，坡道可沿窑院的侧壁下达，也可在院外挖筑，经过洞进入院内。由于地形限制，入口通道亦设计成折线进入院内。平地窑院的排水至为重要，若临近冲沟地段，皆设法从院内引沟排入其中，否则需在院中掏渗井聚水渗泄。平地窑的贴脸及墙檐与靠崖窑相似，但其窑院顶部应有土筑矮墙或砖砌低栏，以防止行人跌入院中。

锢窑即是在平地上以砖石、土坯发券建造的窑洞房屋。券顶上多数敷以土层做成平顶房，自窑外有阶梯蹬上屋顶，顶部可用为晾晒粮食的平台，锢窑最普通的形式为三孔锢窑，并以此为基本单元，组成三合院或四合院。土坯拱结构的锢窑的各孔之间一般不开设过洞，以免影响强度。宽大的砖石锢窑可以建成两层，也有的实例为下层砖石锢窑，上层加建木构的瓦房，构成两层。锢窑洞口门窗布置与土窑洞相似，但多数以条砖砌筑贴脸、挑檐及顶部花墙，其门窗棂格往往作出各种图案，门窗框口尺寸也较大。因此锢窑的艺术面貌较上述两类窑洞更为活泼新颖（图2-321、图2-322）。窑洞式房屋具有冬暖夏凉的优点，因此在上述窑洞通行地区的地面木构四合院中往往也是以锢窑做院落中的上房，成为全家起居的场所。在一个院落中融合为发券平顶房屋与木构坡顶房屋相辅相成，并不产生不协调感觉。

图2-321 山西临县碛口镇窑洞民居

图2-322 山西临县碛口镇西湾村窑洞民居

山西西部及陕西北部的民居中采用锢窑形式的实例很多。孔圈宽大，正立面多有青瓦屋面的挑檐，出挑达1米多，窑洞前的门窗装修十分考究，讲求装饰艺术。例如，革命圣地延安的窑洞多为砖锢窑或石锢窑。为增强抗压强度，锢窑窑顶发圈多用尖圆圈，矢高大于窑宽的二分之一。在豫西一带砌筑土坯锢窑时，可不用模架，即各层券坯以微小的倾度向锢窑后障墙倾斜，以麦秸泥的胶结力量固定各层坯券。

吐鲁番土拱民居 吐鲁番地处盆地，是我国最低地区，标高在海平面下100米，炎热少雨，夏季日最高温度达46.8℃，酷暑期达100天，年降雨量仅16毫米，素有"火洲"之称。同时冬天又很冷，达-7℃。因此建筑既要防暑又要防寒，而且当地缺少木材，而土质良好，这些都对民居形式的形成产生巨大影响。当地居民用土坯砖砌筑半地下的筒拱以隔热，砌花砖墙以通风，形成地区民居风格（图2-323～图2-326）。

图 2-323 新疆吐鲁番吐峪沟村全景

图 2-324 新疆吐鲁番亚尔乡民居

图 2-325 新疆吐鲁番吐峪沟村民居

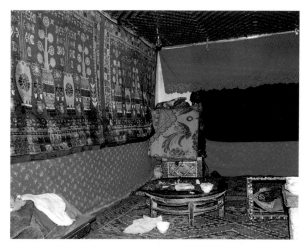

图 2-326 新疆吐鲁番吐峪沟村民居室内

吐鲁番民居为单层或带半地下室的两层楼。结构为土拱结构形式，拱脚厚达 0.7～1.0 米，拱高 2.7～3.5 米，平屋顶，草泥屋面，虽然盛夏，在屋内亦十分凉爽，在拱顶中心开一小方孔作为天窗采光之用。

吐鲁番民居建筑比较自由，有一字式、曲尺式、穿堂式等，皆围合成一个小院。土拱平房民居室内布置简单，每间皆有土炕，炕面略高，约占半间房屋，炕前设有灶台，冬季可以取暖、做饭两用，炕上铺毡、毯，炕周围墙上挂围布。沿房屋长向的两侧墙面布置壁龛及窗户，其数目大小相同，呈对称状态。壁龛内摆设用具，大壁龛内存放被褥。室内顶棚、墙壁用草泥抹面，以牛粪泥浆抹光或再刷白灰浆一道。室内外装饰极少，朴素无华，仅门框略施雕刻，在细泥抹制的外墙面上多用木模压印出各式装饰图案。住宅与前后院的布置很自由，院中以土坯垒砌花样、拱门等，划分出不同地段，组成多变的空间。院内搭建凉棚，种植葡萄等攀藤植物，形成阴凉的小气候。

院内往往引入渠水，配合绿化清新多情，花香风凉，为蔽日纳凉之所。棚架下多置土台、土炕或大床，日常起居多在院内进行（图 2-327）。吐鲁番地区的两层楼民居的上层多设有木柱木梁密檩平顶的前廊，廊宽 2.5～3.0 米，它一方面是联系各间的交通通道，同时也是家务活动的地方，老人休息，妇人缝衣，照看幼儿，晚间设木床露宿，皆在此地。其内部房间的布局亦可分成前室、客房（起居、卧室）、冬室（用餐）等，布局方式与南疆"阿以旺"式接近，这类民居院内天棚架多高出屋面，有的棚架即是从屋面斜搭至对面花墙头上，棚架的侧面多用木棂格花窗遮挡。吐鲁番民居是将维吾尔族喜欢在夏室中进行的日常起居活动改在院中的棚架下进行，以适应当地炎热的气候。再则，吐鲁番盛产葡萄，每家每户皆有晾葡萄的阴房，高约 3～4 米，呈方形，四壁为土坯砖砌筑的高耸的空透的花格墙，房内屋顶上垂下带枝条的木杆，挂满葡萄进行风干，葡萄阴房为民居外貌增加特殊的格调。吐鲁番民居的建筑风格表现出经济简朴又很适用的构思。

图 2-327 新疆吐鲁番吐峪沟村某宅棚架

石头房　石头房即是指用石材盖的民居，石材不仅用于墙体，而且屋面、石梁，至石桌凳、石灶台等皆为石制，整个村寨就是石头世界，比较著名的为贵州布依族的石头房。布依族居住在贵州南部、西南部和中部，习惯近水旁山而居，并在住地的周围种植树木绿化环境。布依族为一夫一妻小家庭制，故民居的规模皆不大，其大部分民居形式为下部架空的干阑房。其中最具特色的是居住在镇宁、安顺以及六盘水一带的布依族所居住的却是石头房。其建筑布局为一明两暗三开间的长方形平面，明间为日常生活起居，前为堂屋，后边隔出一个后屋，为烤火，杂用房间。两侧间亦分为前后两部分，分别作为卧室。前间下部利用地形高差形成地下室，作为畜圈，对外直接开门。全部石墙承重，石门框，石窗棂，石地面，石板瓦，仅用少量木檩条，木门板。这种房屋的布局可反映出干阑式架空房屋向地居式房屋过渡的迹象。虽然使用的建筑材料是厚重的石头，但其历史源头仍为木制的干阑房（图2-328、图2-329）。

图2-328　贵州镇宁石头寨

图2-329　贵州镇宁石头寨民居

　　贵州省山多地少，土薄石头多，坪坝耕地仅占全省土地2.4%，所以不宜发展用土量较大的黏土砖及夯土墙。而贵州安顺地区的岩石又是水成石灰岩，又具有岩层裸露，硬度适中，节理分层的特点，极易开发成石材，广泛用于民居建筑上，凡基础、墙身、屋面瓦、门檐、窗台、踏步全为石材，甚至石桌、石凳、石盆、石缸、石磨、石碾、石农具、石渡槽、石碑、石桥、石牌坊也全是石头。可以说是石头交织组合出来的空间环境——石头世界。有些乡镇即以石头命名，

图2-330 贵州贵阳花溪大坝井村民居

如镇宁扁担山黄桷树村的石头寨,贵阳花溪石板哨。石板哨的民居的构架为木制,但墙、瓦及填充墙皆为石材(图2-330)。石头房外观质朴无华,率真敦厚,没有多余的装饰,各种灰白、棉白、瓷白、莹白的石质颜色与青翠的农田,浓黛的远山相互映衬。显露出有机、纯真与自然环境和谐一致的艺术特色。

图2-331 河北邢台路罗镇英谈村民居

图2-332 浙江永嘉林坑村民居

在全国范围内，利用石材建造房屋的地区尚有许多地点，比较著名的有福建惠安崇武城、霞浦三沙村的石头房，河北邢台太行山深处的英谈村等（图2-331、图2-332）。

竹筒屋 竹筒屋的面阔仅有一开间，但进深可有数间，且为三四层，类似竹筒，故名。竹筒屋约兴起于19世纪上半叶，它是一种用地很经济的民居形式，多用于用地紧张地区，如广东珠江三角洲、潮汕沿海地区、福建漳厦、福州、福安及台湾西部等地皆有此类房屋。这种高密度的住宅，不但减少了宅居地的投资，而且也缩短了居民的出行距离，获得了生活的便利，是近代东南沿海商业城市的一种普遍趋向，甚至商业建筑也多采用这种形制（图2-333）。他的平面为4米左右面阔的单开间民居，进深约有4～5间，呈纵长形式。漳州有一实例进深长达11间，最深的房屋甚至达到20米。各竹筒屋可以并联建造。其平面纵向房间安排的次序分别是厨房、天井、正房、卧房。而在集镇往往将厨房布置在最后，形成正厅、卧房、天井、厨房之布置。在城市往往前面加设门头厅，形成门厅、天井、正厅、卧房、天井、厨房（厕所）的格局。前后交通往往是穿房而过，无明确的走道，个别民居亦有在房间一侧隔出狭长走道的。这样的房屋往往是联排建造，故侧墙不能开窗，其采光全靠前檐及内天井院，故比较阴暗。但由于阴凉，造成室内外风压，空气流动，凉爽宜人，很适合南方气候。有的竹筒屋为了雨天联系方便，在天井中尚建有侧廊，则天井更为狭小。凡是这类的竹筒屋，其相邻的两户人家往往平面相同，但对称拼接，不仅房屋山墙节约用材，而且天井空间合并使用，增加了采光量。竹筒屋的结构方式为硬山搁檩式，砖墙承重，减少了木材消耗，同时可应用规格统一的木檩和木搁栅。檩长约3.2～4.5米左右，水平檩距为0.6～0.7米。承重砖墙在珠江三角洲一带多用半砖，中间设有砖柱，因有搁栅及檩条支搭，其抗风的能力很大。

在人口较多的人家可以将并列的两条竹筒屋相连设计，平面类似"明"字称之为"明字屋"。

图2-333 广东台山下商上住式竹筒屋

此种形式在天井布置及厨房位置上有较大的灵活性，使用上亦较方便，但用地也十分节省。进而一些较大型的三坐落式（即三堂式）的民居，亦可按照竹筒屋的平面布置和结构原则进行建造，在中山市的小榄镇（以养菊著名）的许多古老大屋，即是这种形制。又如广州的西关大屋也是此制。近代以来，珠江三角洲地区兴起建造骑楼式的商业街的热潮，其采用的结构方式亦为竹筒屋的形式，下店上宅，高为 3～4 层，底层空出人行步道，形成骑楼。

吊脚楼　在沿河岸及陡崖边建造的房屋，因用地狭小，而将部分房柱伸入水中或崖下，形成吊脚之势，故名。严格讲吊脚楼不能算是一种民居类型，因为任何民居类型在困难的条件下，为争取建筑使用空间皆可将底部支承木柱接长，支顶在深陷的基面上，呈现柱脚下掉的状态，本应称之为"掉脚楼"，但老百姓习惯称之为"吊脚楼"。这种建筑形式也有集中出现的地区，即多应用在河边陡崖边，高高的吊脚楼或斜撑木支在河滩卵石或岩壁上，例如湘西凤凰城沱江边、吉首的峒河岸边、保靖拔茅的酉水河边的吊脚楼皆成群连片，气势浩荡（图 2-334），尤其与宽广动态的河面相映衬，水中倒影，岸边码头，加之吊脚楼群的屋檐、腰檐，这些水平带状的横线条与众多吊柱的直线条相对比，十分丰富又分外壮观。类似的吊脚楼在采用轻屋盖建筑的南方地区尚有多处。例如安徽泾县章渡镇的"千条腿"民居即为吊脚楼式的民居群。该民居群为单开间的前店后房式联排房屋，共计 97 间。前店临街，后房探

图 2-334　湖南凤凰沱江沿岸吊脚楼

出以木柱支撑在青弋江护岸石阶上。从江面上看去，千柱林立，故名。

另一特例即是重庆临江门嘉陵江边的竹制吊脚楼。抗日战争时期大批难民内迁重庆，住房十分紧张，一般贫苦市民即搭制用竹篙绑扎的，建在江边陡坡上的吊脚楼居住，有的甚至高达四层。江边巷道迂回，楼内梯级参差，极尽空间争取展拓之能事，以解决房荒之燃眉，亦可称为无奈中的巧思。但因年代较久，多已塌毁。

高山族民居　高山族是台湾岛上的土著民族，人口约40万人。居住在南部、东部沿海及中部的山区，分为九个部族。按20世纪调查资料，仅少数居住在深山的部族尚保存原始公社制度，生产资料公有，集体劳动，共同分配。大多数高山族人已进入封建社会，土地私有，聚族居住，并有头人首领主持公务。除高山族以外，尚有一支占有相当数量的平埔人，居住在平原地带，汉化较深，经济及文化上与汉人融为一体，已难区分其民族特点了。

由于居住地区自然条件的不同，各地高山族人的民居形制也不相同。居住在平原或半山坡地段的民族，如北部的泰雅族、花莲地区的阿美族、台东的卑南族等，其民居多为竹木结构的草顶平房，有人字坡顶，也有弧形顶，结构交结为绑扎方法。而居住在山区的民族，如南部的排湾族、鲁凯族、台中地区的布农族等，其民居多为承重片石墙，片石板瓦顶的低矮的石材建筑。这部分石头民居具有浓厚的地区特点与民族特色，很有设计创意的民居类型。

高山族石构民居大部分是依坡而建，按主屋的大小将坡地铲平，形成簸箕形。入口设在前面，左右及后方利用石壁。屋顶多为双坡悬山顶，前坡长，后坡短。整座房屋陷在地下一半，显得低矮，前檐入口处尤其低下，须低头进入。为了解决室内空间问题，往往将室内地平做成阶级状，向后逐步抬高。造成这种特点的原因主要是夏季台风猛烈，民居结构粗放，抗风能力不足，只好采用降低屋高的办法，以免风灾。因此民居无一定朝向，以顺应地形，防风袭击为主要因素。例如居住在南部海中的兰屿的达悟族（旧称雅美人），其住居挖下地面达2～3米，其前檐口距地面仅1米高，建筑全部匍匐于地下，室内地面呈阶梯状，前低后高，为一面坡屋面，为抵御雨季刮来的强烈台风。

石材民居室内平面布置大部分为单间，厨卧不分，在室中设有火塘，火塘上方有吊架，沿室内墙壁架设低矮的用木板竹片搭制的床具，全家共卧。并且将谷仓也设在室内。有些民居的前部尚有前廊。有少量民居将室内床位隔离出来，并设立不到顶的竹制隔断墙，形成复室布局。前檐墙壁为木板壁、原木垒砌壁或者是石板壁。设板门一或两个，开设很小的窗户，其他三面墙壁多不设门窗（图2-335）。民居结构多为纵列支承方式，没有明显的横向梁架。用距离不等的板柱支承纵长的檩条，甚至有的屋柱是利用原木树杈搁置檩条而成。檩条两端搭在侧壁上，其上搭设木椽条，檩条数量是依房屋进深而定。两山部分可以利用石壁，也可脱离石壁一定距离另立板柱

图2-335　台湾南投日月潭九族村排湾族民居

支承屋檩。房屋内部的柱位无一定规律，而且柱子皆是栽埋在地下的，这种结构方式应该说是比较原始的。

排湾族、鲁凯族、卑南族的民居具有多样的雕刻装饰。在板柱、梁、檐口枋、门槛框上都雕有百步蛇、人头、山猪、鹿、祖先像，及几何纹线刻，雕刻面积大，并且以黑、白、红、绿等色中任何两色填涂，以增强艺术效果，其中以床前或火塘前雕有祖先像及百步蛇的木柱或石板柱雕刻最为精美，称为祖柱。

这些地区部落首领的住宅院落前方尚建有一司令台，台子高出庭院两级踏步，台面为石板铺成，中央竖立刻有人像的石板一块，象征祖先神灵，周围有矮墙、石凳等。当集会时首领立于台上讲话，氏族群众站在庭院聆听。有些部落不设

司令台，祖先人像石刻板立在首领住宅的门前（图2-336）。为了组织集会，独立建立一座集会所，是用竹木搭成的大棚，地板悬空约一米，类似干阑建筑，周围不设墙壁。目前因社会进步，高山族遗留下来的民居实例已经十分稀少。

侨乡庐居 粤闽沿海居民自明清以来过海谋生，侨居海外的人数甚多，略有节余则多回到祖国家乡，置田建屋，以求晚年归隐之地。因为他们常年在外生活，接受国外的生活习惯及建筑艺术情趣，这些特色往往在他们的家乡住宅中体现出来，成为一种形制上很特殊的中西合璧式建筑。这种民居多分布在广东开平、新会、台山、恩平一带，因为这些建筑皆多起名为"某庐"，故当地称之为庐居。

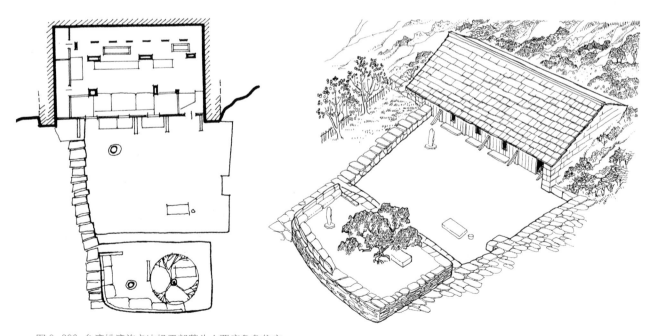

图2-336 台湾排湾族卡比扬干部落头人西库鲁鲁住宅

图 2-337 广东台山某村庐居

庐居皆为楼房，一般二三层多则四五层，砖墙承重，木制楼板或钢筋混凝土楼板。初期庐居的平面仍然沿用粤中三间两廊的形制，只不过外墙皆开设大窗，甚至北墙亦开窗，楼梯设在中堂，中堂扩大包括了天井，室内宽敞明亮，通风良好。后期在平面上亦有发展，例如，扩大平面间数，增加晒台、凸窗、外廊或凹廊。空间体型的变化也带来立面造型变化，除了传统形式的小亭阁外，诸如各式窗楣、瓶式栏杆、各种花式的女儿墙、三角形带雕饰的山花墙、甚至拱券及穹顶等域外的建筑装饰手法，皆广泛采用，实开中国近代民居的先声（图 2-337）。后期因沿海地区治安不靖，海贼匪患严重，故庐居又向碉楼式庐居发展，即加高层数至 5 ～ 7 层，顶层增设瞭望挑台或挑廊，楼身下部不开窗或开小窗，楼内有水井及粮食贮藏。这类碉楼式庐居的下部墙身平素无华，而其建筑艺术重点放在顶部，顶部挑廊多做成周回式圈廊，有各式发券及栏杆。全楼屋顶亦是各式各样，如传统瓦顶、意大利穹顶、英国碉堡花园尖顶、中世纪南欧教堂顶以及各种折中式顶。碉楼式庐居在开平、台山、恩平等地皆有不少实例，开平碉楼项目已列为全国重点文物保护单位。总之，庐居可以说是在中国住宅从传统向近代过渡的一次大胆尝试。

水棚 水棚就是水上渔民住宅。房屋建在水上，不占陆地，是东南亚一带渔民常用的形式。亦通行于广东沿海珠江口及西江一带，以番禺为代表地域。这种住宅建于水中，以栈桥与陆地相连，贴水凌波，水陆两达，而且驳船方便。平面为方形，约 6 米见方，分隔成一厅二室，厨房另外搭建在晒台上。这种规模大小是为了适应竹材的构架要求。房基采用桩柱插入河中，上边以竹木绑扎式构架构成。墙为竹篾或竹席，屋内以竹竿或蔗皮为隔墙，屋面覆盖蔗叶或稻草，荷载较轻，取材便捷，施工方便。水棚上部习惯做成一面歇山一面悬山的屋面，独具风格，在一般民居中极少见到，歇山山尖兼可取得迎风效能。这种

图 2-338 广州水棚

水棚民居在东南亚一带国家甚为普遍。某些地区亦有用木材建造构架与墙壁，以木板或板皮为屋面者（图2-338）。

从水棚民居可联想到舟居，在清代，水上以捕鱼为生的渔户受到政府的歧视，称为疍民，不许入籍，终年在船上生活，不准上岸定居，生活十分困苦。在福建闽侯县水边尚存有一种船屋，形状纵长，前后有甲板（晒台），前后开门，地坪架空，呈低干阑式。当地俗称"高脚楼"。一些船民的用具及船体往往也吊挂在建筑侧壁上，这种民居显然是船民在上岸定居以后仍然保持着对水上舟居生活的怀念。另外还有一种"浮屋"，即是以木筏为基底，木筏上搭盖木屋，木筏漂浮在水面上，随水位之涨落而升降，十分不稳定。也是当时疍民的居住之所。

大理土库房 大理土库房是云南大理苍山附近农村习用的一种小家庭型的民居，具有就地取材的特点，是充分利用石材的民居形式。其平面是独立的三间两层坡屋顶房屋，底层正中为堂屋，两次间一为卧室一为厨房。堂屋前凹进浅的门廊，设双扇门或六扇格门，两次间开很小的木格窗。二层为通间储藏间，在前檐墙开设一列横向木格子窗。土库房的两山墙及后墙全不开窗，以防风。

早期土库房的墙壁全由卵石砌筑不承重，顶为茅草顶，内部为简易的木构架，墙体与木架分离，硬山墙顶伸出坡屋面许多，上边以石板压顶（图2-339）。近代以后土库房民居有了新发展，外墙采用苍山青色条石及块石砌筑，做工精细，

图2-339 云南大理喜州土库房

墙缝平直，上部配以抹灰白粉墙。前檐立面的门窗面积增大。下层堂屋凹廊内设六扇格扇门，两次间各有对外的一门一窗，楼上明间为凹进的带栏杆的横窗。木门窗皆有油漆刷饰。有趣的是在前檐墙上还留出二个空洞，可能是鸽子窝。屋面改为小青瓦顶，山墙也不出顶。最精彩的是堂屋凹廊上的过梁石材为一条长达5米的条石，称"过江石"，是唯有在苍山脚下才能得到的巨大石材。

土库房是白族传统民居形制之一，不但本身在发展，而且也融入了白族大型民居之中，发展成为一种不同于三坊一照壁、四合五天井形制的另一种纵列式民居。

海草房 是一种很有地方特色的民居，分布在山东半岛东端威海、荣成一带沿海渔村中。其构造特点是天然石块为墙，屋面使用浅海生长的海带草（学名大叶藻）铺设的草顶房，草屋面极

图 2-340 山东荣成海草房

图 2-341 山东荣成海草房

厚，两山翘起，并且草屋面覆盖住两山墙的山尖部分。海草房的进深很小，仅 3 米左右，使用大梁及叉手式屋架。为减少前后檐的推力，故屋面坡度较陡，并便于排水。檩条密，檩距为 0.4 米左右。住屋多为一明二暗三间房或一明三暗四间房的单列院，很少三合、四合院。室内为火炕，靠山设烟囱。屋面做法是在檩条上铺荆笆或密排高粱秸把子，上面大泥找平，苫海带草。苫草程序是一层麦秸草一层海带草交替铺作，一般需铺 20 余层。海带草坚韧耐腐，不易燃，不易虫蛀，松软有弹性，而且有胶质，铺成屋面一二年后可粘结为整体。所以海草房不仅造型特色明确，且在实用价值上亦十分有地域特色（图 2-340、图 2-341）。

后　记

目前对中国民居的研究展现了多元化的倾向，从不同的专业角度来审视传统民居，包括有社会学、人文学、旅游学、民族学、美术摄影、建筑学等各方面的专家学者参与。这是一个很好的现象，一则可更好地挖掘传统民居的诸多价值，同时对传统民居认识的普及亦十分有利，使更多的人提高了欣赏意识，进而推动了保护和利用工作的开展。已发表的各类有关民居的书籍已经不少，其中尤以旅游为主题的书籍最多。有关建筑学的书籍亦占一定数量，包括各地区、各民族，或一村、一宅的传统民居的分析介绍，还有一部分以图片为主的图册。

与文字介绍相对应的民居实体的保护与利用却不尽人意，许多保护方法与保护理念尚不成熟，效果也不理想。但现实却十分严峻，传统民居日渐稀少，现存的也是破旧不堪，墙倾屋漏，随时可以坍倒。这其中有质量的宅院更少，少量现存的较好的民居，不是被改造，就是被拆卖，已经所余无几。有智之士也曾多方呼吁，但情况并无显著改善。个人认为民居的保护必须得到政府政策上的支持，才能收效。例如地方政府应在行政、专家及居民三方面联合进行现存民居的普查，确定有价值的民居，立案保护。对有价值的民居的业主应有政策上的保护补贴，增进其保护的积极性。对保护的民居应根据其价值重点区别对待，有些须原状保护，有些内部可以更新，以利生活。对历史街区及村镇应制定可行的规划，要兼顾历史社会文化的保存，又要兼顾居民生活的改善与提高，对街区及村镇内的房屋要区别对待。妥善解决旅游开发与保护文物之间的矛盾，保护范围不宜过大，对服务设施应有一定限制。要加强文化含义的宣传，增加社会知识的分量，减少吃喝酒吧的影响。另外，也应看到民居是一项实用的建筑，老百姓每天生活于此，生活在发展变化，因此很难做到保持历史的原汁原味，只能做到尽量保持多一些的历史信息，不可苛求。总之，民居的保护要有政府的支持与参与，适当地引导民间资本的开发力度，才能奏效。

我们希望民居的保护与利用有一个美好的明天，民居成为宣扬中国传统建筑文化的重要内容之一，为了中国建筑的明天发挥出其热量。

孙大章

2013 年 7 月

索　引

孙大章

　　孙大章先生，1933年5月29日生，天津市人。1955年毕业于清华大学建筑系。教授级高级建筑师、研究员、国务院特殊津贴专家。曾任中国建筑设计研究院建筑历史研究所所长，现任中国建筑设计研究院顾问总建筑师。兼任中国传统建筑园林研究会常务理事、中国民居研究会常务理事、中国民族建筑研究会常务理事、中国紫禁城学会顾问、北京大学考古系客座教授。

　　孙大章先生从事中国古代建筑史研究达五十余年，这期间主要从事的工作包括古建筑的调查、测绘、专题研究及行政工作，同时还参加了一部分具有中国传统建筑文脉的建筑工程设计。迄今为止，他撰写、出版了近20部颇具影响力的著作，其中，《中华文明史》、《中国古建筑大系·礼制建筑》、《中国民居研究》、《中国古代建筑彩画》、《中国美术全集·宗教建筑》、《中国美术全集·坛庙建筑》、《中国古代建筑史·清代建筑》等图书荣获了国家级或省部级优秀图书奖。完成的工程设计有：山海关复建工程（包括靖边楼、南城门楼、老龙头入海石城、澄海楼、宁海城、海神庙、角山栖贤寺等）、海南三亚南山佛教文化园、无锡灵山胜境入口、灵山五印坛城、灵山梵宫外观造型设计等。

　　本书撰写的内容分为上下两篇。上篇以时代为纲，根据文化发展的背景，对中国民居的演变历史，进行了详细的分析和论述。中国民居的演变可分为六个历史时期：即史前文化时期、先秦时期、两汉时期、隋唐时期、宋元时期、明清时期。揭示了中国民居的发展过程。下篇以类型为切入点，对各式民居的特色及其聚落关系，进行了分门别类的详细分析和概述。各地民居特色的形成，是受地域气候、社会文化、经济条件、材料技术及民族习俗等各方面的影响和制约。在中国具有特色的民居形式不下五六十种，若按其空间布置特点进行分类，可分成五大类，即庭院类、独幢类、集居类、移居类、特色类。每一类民居又存在着不同的形式，表现出各地区人民的生活环境及生活方式的差异。中国历史悠久，地广人稠，民族众多，决定了传统民居的多样性，这也是中国民居的重要特色。

图书在版编目（CIP）数据

诗意栖居——中国民居艺术 / 孙大章著. —北京：
中国建筑工业出版社，2014.5
（中国建筑的魅力）
ISBN 978-7-112-15154-7

Ⅰ．①诗… Ⅱ．①孙… Ⅲ．①民居－建筑艺术－中国
Ⅳ．①TU241.5

中国版本图书馆CIP数据核字(2014)第032706号

责任编辑：董苏华　张惠珍
　　　　　戚琳琳　孙立波
技术编辑：李建云　赵子宽
特约美术编辑：苗　洁
整体设计：北京锦绣东方图文设计有限公司
责任校对：陈晶晶　王雪竹

中国建筑的魅力

诗意栖居——中国民居艺术

孙大章　著

*

中国建筑工业出版社出版、发行（北京西郊百万庄）
各地新华书店、建筑书店经销
北京锦绣东方图文设计有限公司制版
北京顺诚彩色印刷有限公司印刷

*

开本：889×1194毫米　1/16　印张：13¾　字数：420千字
2015年3月第一版　2015年3月第一次印刷
定价：148.00元
ISBN 978-7-112-15154-7
(23255)